建筑工程细部节点做法与施工工艺图解丛书

建筑智能化工程细部节点做法与施工工艺图解

丛书主编：毛志兵
本书主编：李　明

中国建筑工业出版社

图书在版编目(CIP)数据

建筑智能化工程细部节点做法与施工工艺图解/李明主编. —北京:中国建筑工业出版社，2018.7（2023.6 重印）
（建筑工程细部节点做法与施工工艺图解丛书/丛书主编：毛志兵）
ISBN 978-7-112-22210-0

Ⅰ.①建… Ⅱ.①李… Ⅲ.①智能化建筑-节点-细部设计-图解 ②智能化建筑-工程施工-图解 Ⅳ.①TU18-64

中国版本图书馆 CIP 数据核字(2018)第 100445 号

本书以通俗、易懂、简单、经济、使用为出发点，从节点图、实体照片、工艺说明三个方面解读工程节点做法。本书分为信息设施系统、建筑设备管理系统、公共安防系统、机房工程共 4 章。提供了 300 多个常用细部节点做法，能够对项目基层管理岗位及操作层的实体操作及质量控制有所启发和帮助。

本书是一本实用性图书，可以作为监理单位、施工企业、一线管理人员及劳务操作层的培训教材。

责任编辑：张　磊
责任校对：张　颖

建筑工程细部节点做法与施工工艺图解丛书
建筑智能化工程细部节点做法与施工工艺图解
丛书主编：毛志兵
本书主编：李　明
*
中国建筑工业出版社出版、发行(北京海淀三里河路 9 号)
各地新华书店、建筑书店经销
北京红光制版公司制版
河北鹏润印刷有限公司印刷
*
开本：850×1168 毫米　1/32　印张：10¾　字数：289 千字
2018 年 8 月第一版　　2023 年 6 月第九次印刷
定价：**36.00** 元
ISBN 978-7-112-22210-0
(31980)

审定人员分工

《地基基础工程细部节点做法与施工工艺图解》

中国建筑第六工程局有限公司顾问总工程师：王存贵

上海建工集团股份有限公司副总工程师：王美华

《钢筋混凝土结构工程细部节点做法与施工工艺图解》

中国建筑股份有限公司科技部原总经理：孙振声

中国建筑股份有限公司技术中心总工程师：李景芳

中国建筑一局集团建设发展有限公司副总经理：冯世伟

南京建工集团有限公司总工程师：鲁开明

《钢结构工程细部节点做法与施工工艺图解》

中国建筑第三工程局有限公司总工程师：张琨

中国建筑第八工程局有限公司原总工程师：马荣全

中铁建工集团有限公司总工程师：杨煜

浙江中南建设集团有限公司总工程师：姚金满

《砌体工程细部节点做法与施工工艺图解》

原北京市人民政府顾问：杨嗣信

山西建设投资集团有限公司顾问总工程师：高本礼

陕西建工集团有限公司原总工程师：薛永武

《防水、保温及屋面工程细部节点做法与施工工艺图解》

中国建筑业协会建筑防水分会专家委员会主任：曲慧

吉林建工集团有限公司总工程师：王伟

《装饰装修工程细部节点做法与施工工艺图解》

中国建筑装饰集团有限公司总工程师：张涛

温州建设集团有限公司总工程师：胡正华

《安全文明、绿色施工细部节点做法与施工工艺图解》

中国新兴建设集团有限公司原总工程师：汪道金

中国华西企业有限公司原总工程师：刘新玉

《建筑电气工程细部节点做法与施工工艺图解》

中国建筑一局（集团）有限公司原总工程师：吴月华

《建筑智能化工程细部节点做法与施工工艺图解》

《给水排水工程细部节点做法与施工工艺图解》

《通风空调工程细部节点做法与施工工艺图解》

中国安装协会科委会顾问：王清训

本书编委会

主编单位： 中建电子信息技术有限公司

主　　编： 李　明

副 主 编： 朱　峭　杨超君

编写人员： 郑　倩　冯　旭　温　馨　刘烈志　汪啸虎
艾　峰　刘　迪　闻　静　黄　敏　龚书君
梁远斌　林　辉　翟元园　张　亮　张春磊
金卫祎　司文斋　杨　磊　刘义辉

丛书前言

过去的30年，是我国建筑业高速发展的30年，也是从业人员数量井喷的30年，不可避免的出现专业素质参差不齐，管理和建造水平亟待提高的问题。

随着国家经济形势与发展方向的变化，一方面建筑业从粗放发展模式向精细化发展模式转变，过去以数量增长为主的方式不能提供行业发展的动力，需要朝品质提升、精益建造方向迈进，对从业人员的专业水准提出更高的要求；另一方面，建筑业也正由施工总承包向工程总承包转变，不仅施工技术人员，整个产业链上的工程设计、建设监理、运营维护等项目管理人员均需要夯实专业基础和提高技术水平。

特别是近几年，施工技术得到了突飞猛进的发展，完成了一批“高、大、精、尖”项目，新结构、新材料、新工艺、新技术不断涌现，但不同地域、不同企业间发展不均衡的矛盾仍然比较突出。

为了促进全行业施工技术发展及施工操作水平的整体提升，我们组织业界有代表性的大型建筑集团的相关专家学者共同编写了《建筑工程细部节点做法与施工工艺图解丛书》，梳理经过业界检验的通用标准和细部节点，使过去的成功经验得到传承与发扬；同时收录相关部委推广与推荐的创优做法，以引领和提高行业的整体水平。在形式上，以通俗易懂、经济实用为出发点，从节点构造、实体照片（BIM模拟）、工艺要点等几个方面，解读工程节点做法与施工工艺。最后，邀请业界顶尖专家审稿，确保本丛书在专业上的严谨性、技术上的科学性和内容上的先进性。使本丛书可供广大一线施工操作人员学习研究、设计监理人员作业的参考、项目管理人员工作的借鉴。

本丛书作为一本实用性的工具书，按不同专业提供了业界实践后常用的细部节点做法，可以作为设计单位、监理单位、施工企业、一线管理人员及劳务操作层的培训教材，希望对项目各参建方的操作实践及品质控制有所启发和帮助。

本丛书虽经过长时间准备、多次研讨与审查、修改，仍难免存在疏漏与不足之处。恳请广大读者提出宝贵意见，以便进一步修改完善。

丛书主编：毛志兵

本册前言

建筑智能化工程，通常称弱电工程。国家标准《智能建筑设计标准》（GB 50314—2015）对智能建筑定义为“以建筑为平台，兼备建筑设备、办公自动化及通信网络系统，集结构、系统、服务、管理及它们之间的最优化组合，向人们提供一个安全、高效、舒适、便利的建筑环境”。

本书汇集了建筑智能化工程中四大分项工程（包括：信息设施系统、建筑设备管理系统、公共安防系统和机房工程）的300多个一般常用细部节点做法。通过节点图、实体照片和工艺说明，将各分项节点做法和施工工艺更直观、清晰、方便地介绍给大家。本书将对施工单位现场检查及对监理单位督导等环节进行控制，有效地提高实体操作的质量控制水平。

本书由中建电子信息技术有限公司编制，李明主编，朱峭、杨超君、冯旭、温馨、刘烈志、汪啸虎、艾峰、刘迪、闻静、黄敏、龚书君、梁远斌、林辉、翟元园、张亮、张春磊、金卫祎、司文斋、杨磊、刘义辉参与编制。

中国安装协会首席专家王清训对本书内容进行了审核，在本书编写过程中，参考了众多专著书刊，在此一并表示感谢。

由于时间仓促，经验不足，书中难免存在缺点和错漏，恳请广大读者指正。

目　录

第一章　信息设施系统

第一节　综合布线系统

1. 信息面板

010101　信息面板安装

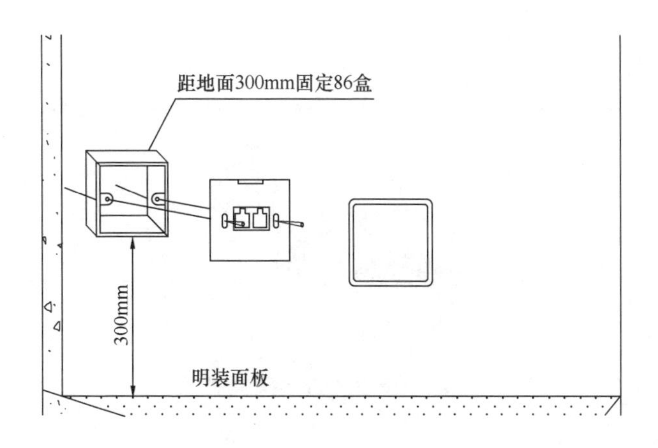

工艺说明：

安装在墙上的面板，其位置宜高出地面30cm左右。将底盒放入预留槽内，RJ45模块安装在面板上，其缆线预留在接线底盒内，底盒是缆线的终点，将面板上的模块和双绞线连接，形成墙面上的RJ45接口，用螺丝将盖板固定于底盒上。表面安装盒的底盒安装必须牢固可靠，不应有松动现象。

010102 光纤面板安装

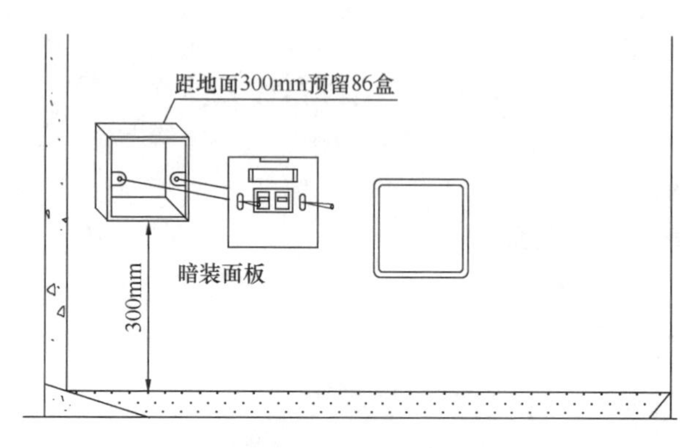

工艺说明：

安装在墙上的面板，其位置宜高出地面30cm左右。将底盒放入预留槽内，光纤适配器安装在面板上，其缆线预留在接线底盒内，底盒是缆线的终点，将面板上的模块和光纤连接，形成墙面上的光纤接口，用螺丝将盖板固定于底盒上。表面安装盒的底盒安装必须牢固可靠，不应有松动现象。

2. 地插

010103　地插安装

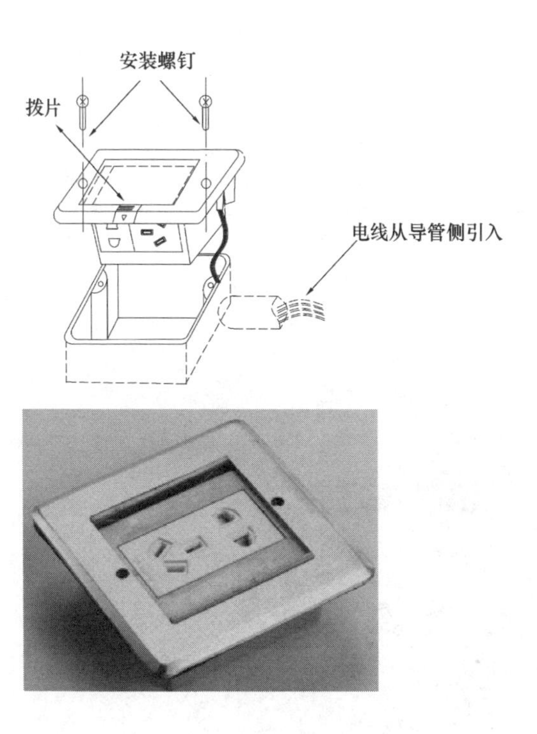

工艺说明：

先将铜面板连同功能件从暗盒上卸下（此项只对于开启时地板插座）；将施工盖用备用螺钉固定在暗盒上，并一同放置在预埋孔内；施工时装修地面应与施工盖齐平；卸下施工盖，将暗盒内剥皮 10～12mm 的导线头插入接线孔 N、L、E 三孔中的底部，接线方式是螺纹夹紧型端子，还需要用螺钉将导线夹紧；将地板插座的面板拉开或拉开弹出钮，用螺钉将面板固定在暗盒上。

010104 综合接口盒安装

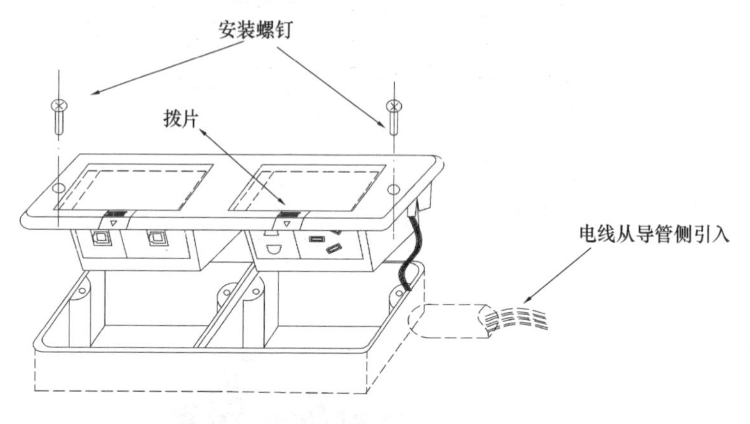

工艺说明：

首先，把接线盒放在开好的安装孔里面。

然后，用四粒螺钉把底盒固定在产品所要安装的位置（如桌面等），把电源及各类数据线按相对应的位置连接到产品上（将强弱电分开连接）。

最后，用十字螺丝刀锁紧两边的两粒螺钉。

3. 信息模块

010105　超五类屏蔽模块安装

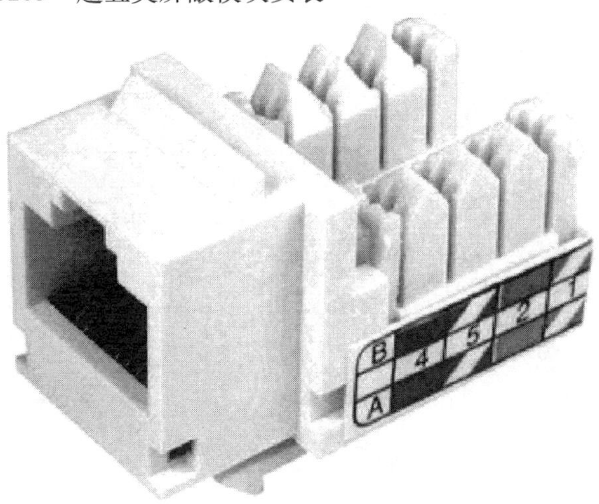

工艺说明：

仅将电缆护套剥至端接所需的长度，最长剥除50.8mm（2英寸）即可满足。绞和线剥离距离保持在距离端接头12.7mm（0.5英寸）以内。

（1）将导线敷在导线压块之间，将导线护套与模块组件的后部对齐。

（2）按照图中所示，使用适当的颜色代码槽将棕色线及后面相对颜色的线对编好（保持最小松弛度，同时扭编线与端接头之间的距离应保持在12.7mm之内）。端接过程中需要使用到压线工具。

（3）使用压线工具将线压入到槽中，然后切除多余的线头。

（4）重复步骤（2）、（3），编好蓝色线对和前面相应颜色的线对。

010106 超五类非屏蔽模块安装

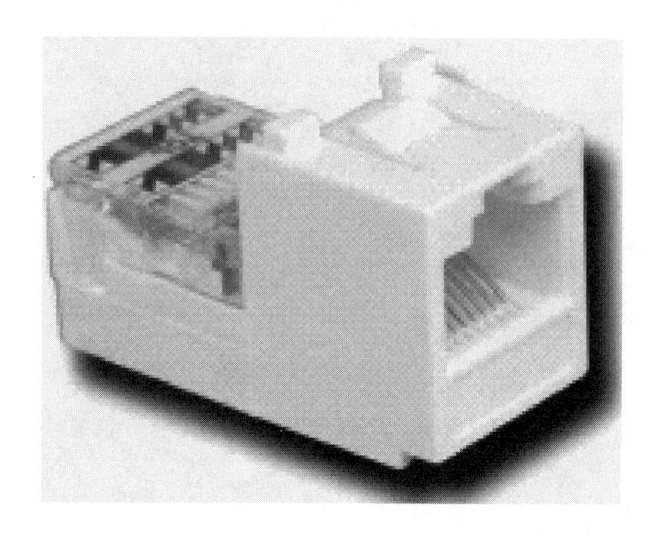

工艺说明：

仅将电缆护套剥至端接所需的长度，最长剥除50.8mm（2英寸）即可满足。绞和线剥离距离保持在距离端接头12.7mm（0.5英寸）以内。

（1）将导线敷在导线压块之间，将导线护套与模块组件的后部对齐。

（2）按照图中所示，使用适当的颜色代码槽将棕色线及后面相对颜色的线对编好（保持最小松弛度，同时扭编线与端接头之间的距离应保持在12.7mm之内）。端接过程中需要使用到压线工具。

（3）使用压线工具将线压入到槽中，然后切除多余的线头。

（4）重复步骤（2）、（3），编好蓝色线对和前面相应颜色的线对。

010107　六类屏蔽模块安装

工艺说明：

(1) 插入线对：橙、绿线对布线于左侧，蓝、棕线对布线于右侧。

(2) 拉紧线对使护套端接底部。线对必须在没有交叉和重新排列的情况下直接进入入口。

(3) 使用110M冲压机的切削侧。

(4) 使用一个小螺栓起子把金属箔线推入接地接触槽内，将金属箔线绕在分割器上。

(5) 修剪金属箔线、嵌入底部外壳。

010108 超六类屏蔽模块安装

工艺说明：

（1）插入线对：橙、绿线对布线于左侧，蓝、棕线对布线于右侧。

（2）拉紧线对使护套端接底部。线对必须在没有交叉和重新排列的情况下直接进入入口。

（3）使用同样方法把最上方的线对定位在预留位置上。

（4）使用110M冲压机的切削侧。

（5）使用一个小螺栓起子把金属箔线推入接地接触槽内，将金属箔线绕在分割器上。

（6）修剪金属箔线、嵌入底部外壳。

4. 配线架

010109　六类非屏蔽配线架安装

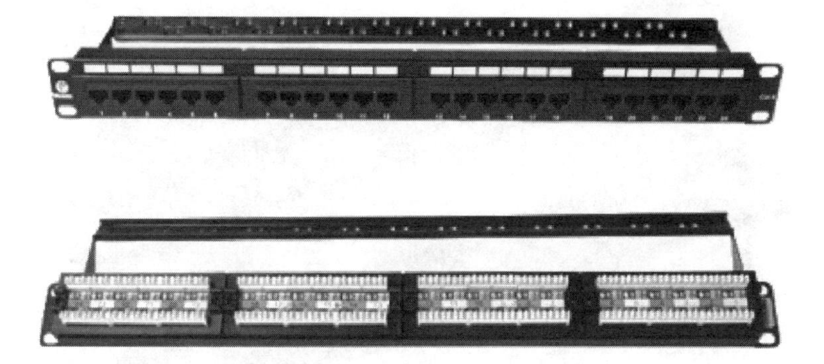

工艺说明：

(1) 用螺丝将配线架固定。

(2) 后面端接接线模块插入，旋转并锁定；前面端接接线模块插入。

(3) 接线之前，抓住电缆末端把电缆穿过接线块并向后推，确认电缆没有被紧紧夹住。

(4) 接线时避免过分松散，应沿一个方向穿过面板并接线。

(5) 将模块从固定器中脱离，将电缆和模块推入插口（避免已接好的线对拉伤）。

010110　超六类非屏蔽配线架安装

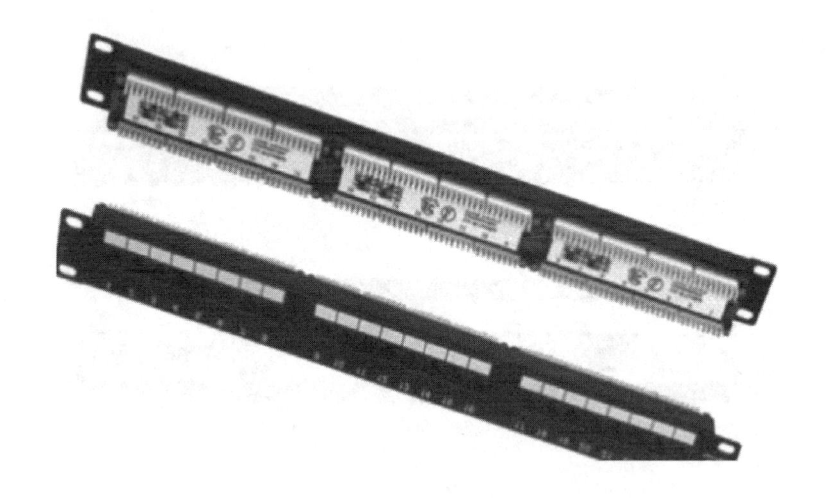

工艺说明：

（1）用螺丝将配线架固定。

（2）后面端接接线模块插入，旋转并锁定；前面端接接线模块插入。

（3）接线之前，抓住电缆末端把电缆穿过接线块并向后推，确认电缆没有被紧紧夹住。

（4）接线时避免过分松散，应沿一个方向穿过面板并接线。

（5）将模块从固定器中脱离，将电缆和模块推入插口（避免已接好的线对拉伤）。

010111　支架式 110 配线架安装

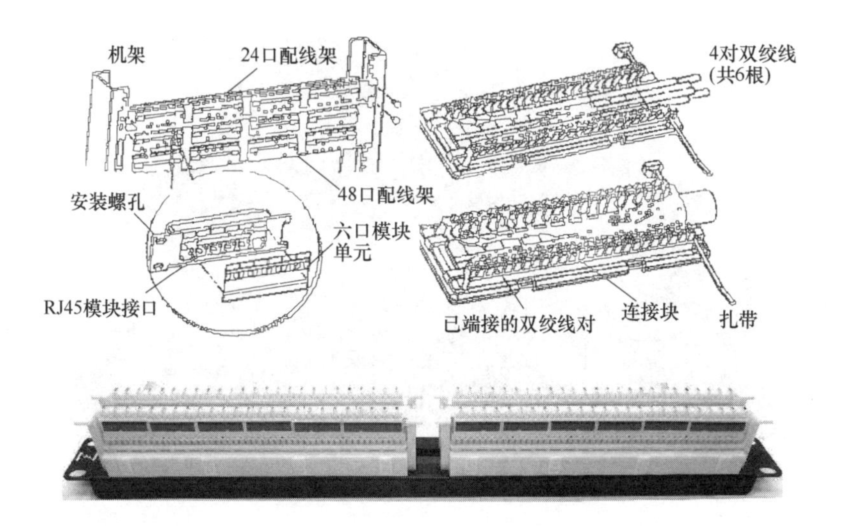

工艺说明：

(1) 将配线架固定到机柜。

(2) 从机柜进线处开始整理电缆，将大对数电缆穿过 110 语音配线架一侧的进线孔，摆放至配线架打线处。

(3) 根据电缆色谱排列顺序，将对应颜色的线对逐一压入槽内，然后使用 110 打线工具固定线对连接，同时将伸出槽位外多余的导线截断。注意：刀要与配线架垂直，刀口向外。

010112 抽屉式光纤配线架安装

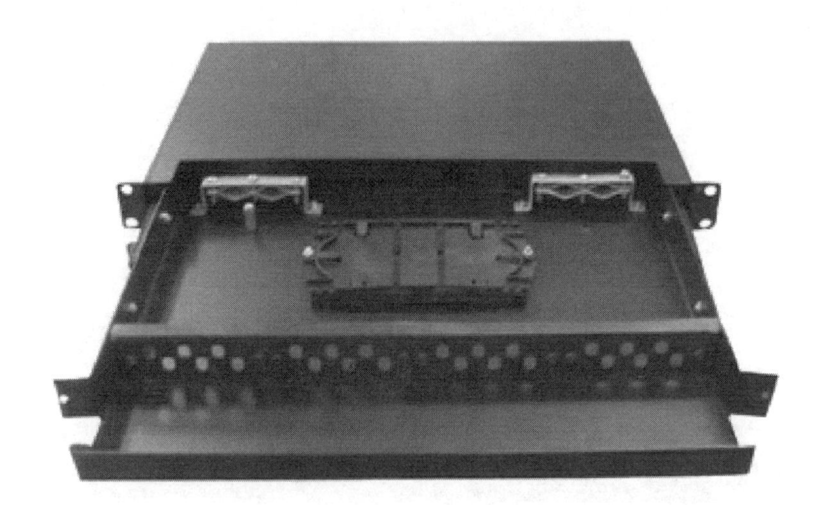

工艺说明：

（1）将光纤盒安装于机柜的底或顶端。

（2）光纤盒机架安装好后，把光纤穿入固定器固定。固定光缆时应注意：当拧紧固定器时，要考虑光纤后端的预留，这样机柜内及光纤可以合理地走布放及固定。

（3）光缆从右边沿机柜布线槽向上从左边的光纤盒进线孔进线。

（4）进行光纤盒内的光纤熔接工作。

（5）把光纤盒管理线架安装于光纤盒正前方。

010113　单元式光纤配线架安装

工艺说明：

（1）安装挂耳到交换机，交换机设备两侧各提供 1 处挂耳安装位置。

（2）将挂耳的长边贴近交换机，挂耳的安装孔与交换机侧面的挂耳安装孔对齐。

（3）使用 M4 螺钉（交换机两边各安装 3 个）将挂耳安装到交换机的两边，顺时针拧紧。

010114 模块式光纤配线架安装

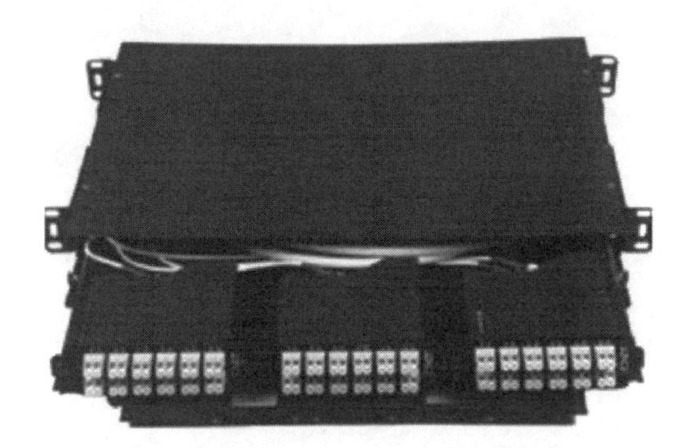

工艺说明：

(1) 安装挂耳到交换机，交换机设备两侧各提供 1 处挂耳安装位置。

(2) 将挂耳的长边贴近交换机，挂耳的安装孔与交换机侧面的挂耳安装孔对齐。

(3) 使用 M4 螺钉（交换机两边各安装 3 个）将挂耳安装到交换机的两边，顺时针拧紧。

010115　电子配线架安装

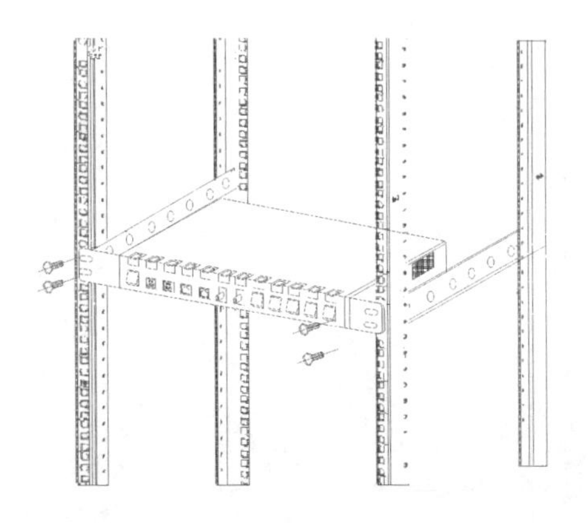

工艺说明：

（1）安装挂耳到交换机，交换机设备两侧各提供1处挂耳安装位置。

（2）将挂耳的长边贴近交换机，挂耳的安装孔与交换机侧面的挂耳安装孔对齐。

（3）使用M4螺钉（交换机两边各安装3个）将挂耳安装到交换机的两边，顺时针拧紧。

5. 电话通信线

010116　电话线进户管线安装

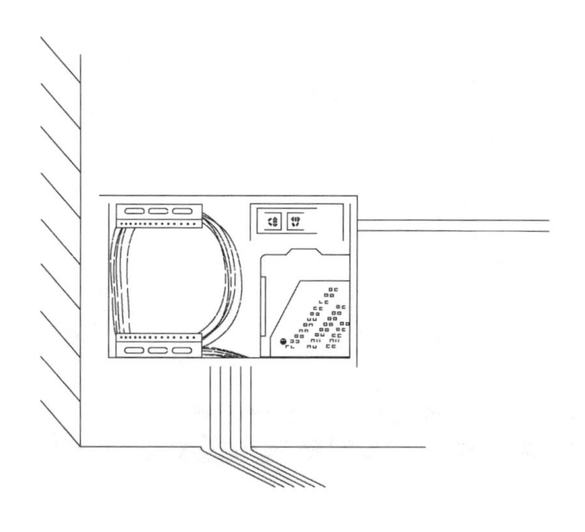

工艺说明：

（1）敷设的导线最小线芯截面积应大于或等于 $0.3mm^2$（5 类双绞线除外）。

（2）导线连接时应注意，剖开导线的绝缘层时，不损伤线芯。多股铜芯绒线芯应先拧紧，烫锡后再连接。

（3）接线盒内绝缘导线接头处，应采用绝缘胶带包缠均匀、严密，并不低于原有的绝缘强度。

010117　电话交接间与交接箱的安装

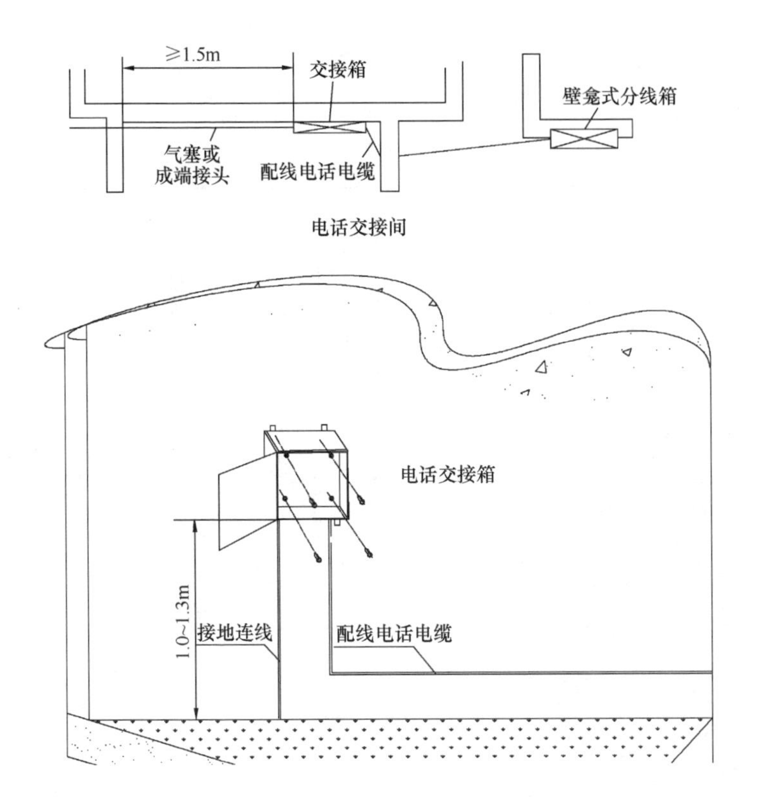

工艺说明：

（1）成端电缆芯线与模块的芯线接续。

（2）接续完毕后，进行对号、绝缘性能测试。确认合格后，模块支架恢复原位。

（3）交接箱的屏蔽线连接板与箱体绝缘，屏蔽线连接在连接板上，接一个地气棒，箱体及站台应另接一个地气棒接地。

010118　壁龛的安装

外部安装

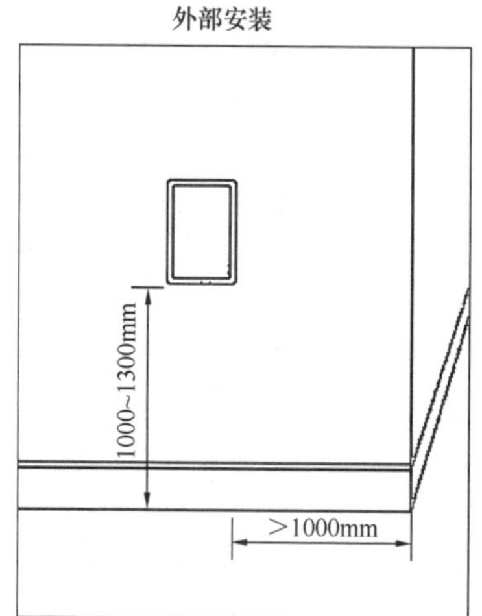

内部安装

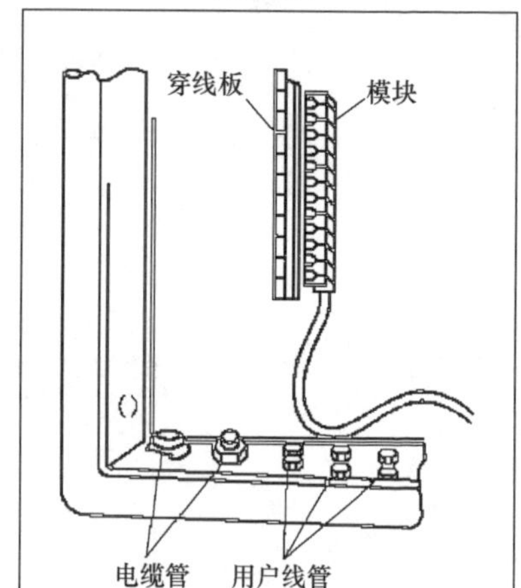

工艺说明：

(1) 箱体下沿离地坪 1000～1300mm，箱边距墙角≥1000mm。

(2) 进入箱内的电缆管，用户线长度不得大于 15mm。管口倒钝并铰牙，再用螺母将管子与箱体连接。

(3) 箱内接续部件安装包括穿线板、模板安装，模块宜安装在箱内居中位置。

010119　上升电缆管路安装

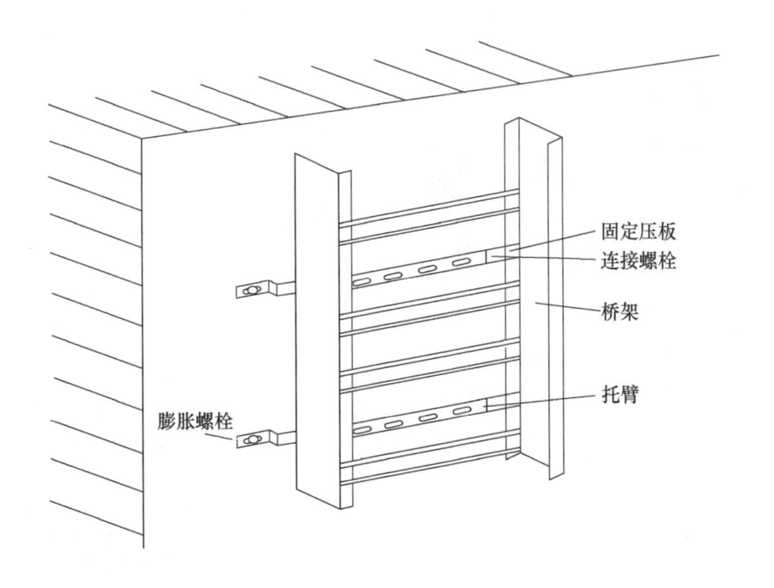

工艺说明：

（1）支架与吊架安装：钢支架与吊架应焊接牢固，无显著变形、焊缝均匀平整，不得出现裂纹、咬边、气孔、凹陷、漏焊等缺陷。支架与吊架应安装牢固，保证横平竖直，在有坡度的建筑物上安装支架与吊架应与建筑物有相同坡度。

（2）桥架安装：直线段电缆桥架安装时，桥架应用专用的连接板进行连接，在电缆桥架外侧用螺母进行固定，联结处缝隙应平齐。

010120　楼层管路的布线与安装

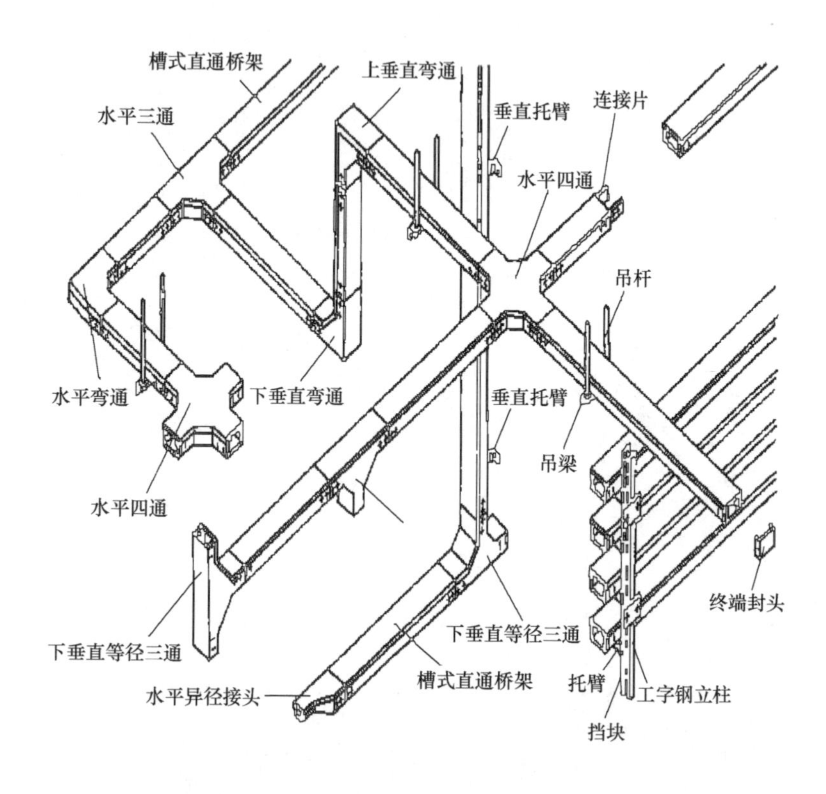

工艺说明：

详见“010119 上升电缆管路安装”。

6. 配件

010121　单工耦合器安装

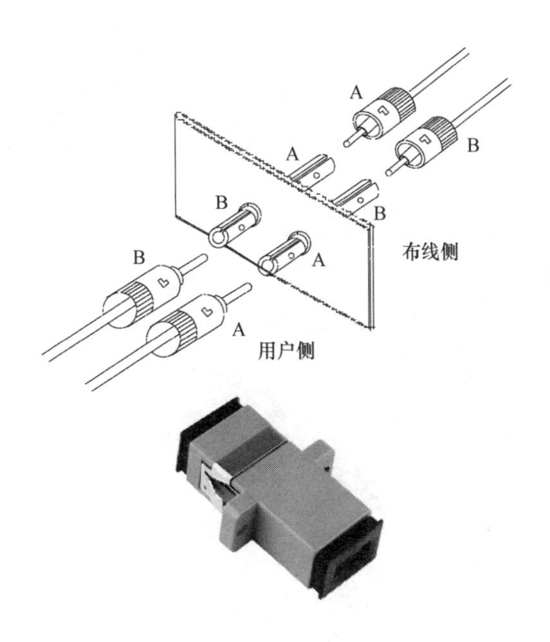

工艺说明：

与面板卡槽对准，水平推入卡紧即可。

010122 双工耦合器安装

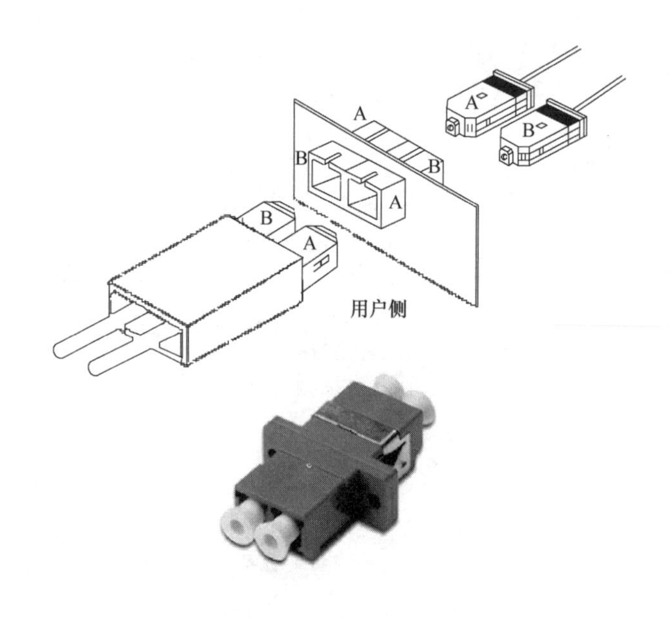

工艺说明：

与面板卡槽对准，水平推入卡紧即可。

010123　光纤尾纤熔接与安装

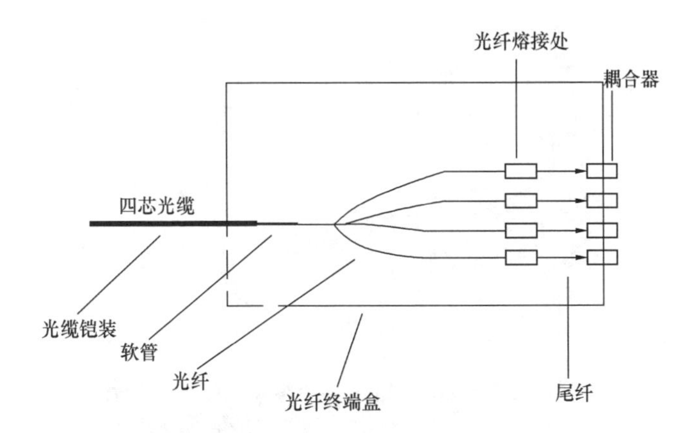

工艺说明：

（1）首先剥去光纤的黑色外皮。

（2）剥好光纤后，熔接盒固定光纤，将光纤从收容箱的后方接口放入光纤收容盒中。

（3）在剥去光纤最里面保护套前先装入固定胶管。

（4）切光纤头。

（5）将切好的两个要熔接的光纤头放在机器里面，开始熔接。

010124　数据跳线安装

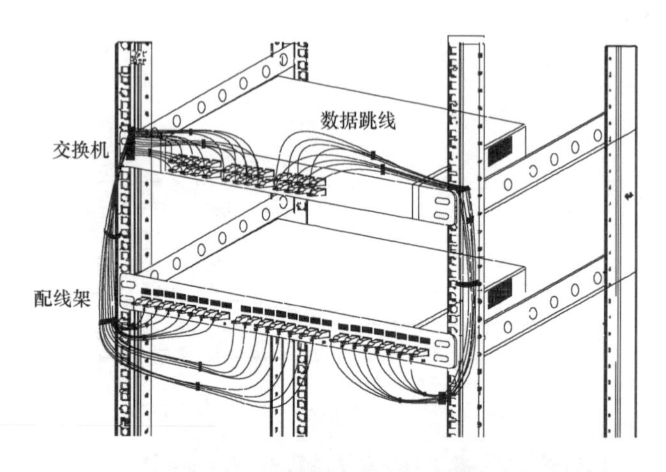

工艺说明：

弹片对准配线架或者交换机竖直房间的凹（凸）口平行插入，当听见“咔嗒”声即可。

010125　光纤跳线安装

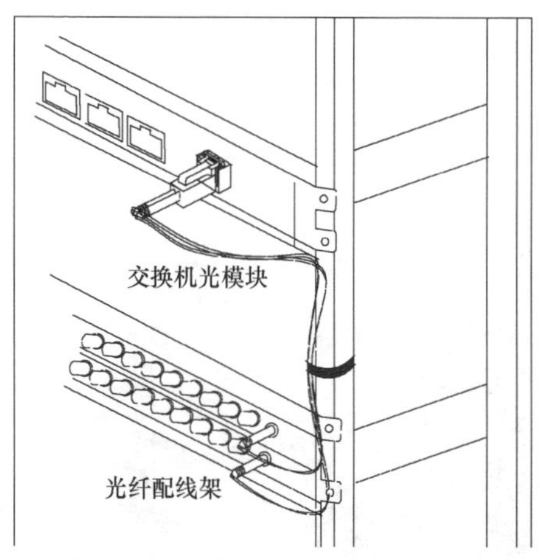

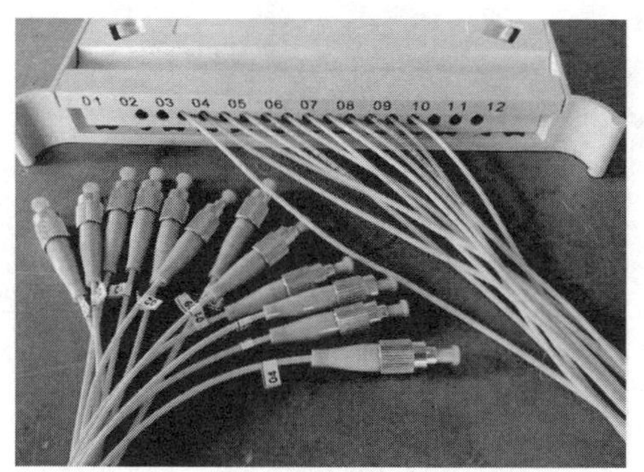

工艺说明：

跳线头外侧突出部分，对准耦合器缺口处插入（SC，ST接口插入后拧紧螺帽）即可。

第二节　信息网络系统

1. 交换机、模块及跳线

010201　接入交换机安装

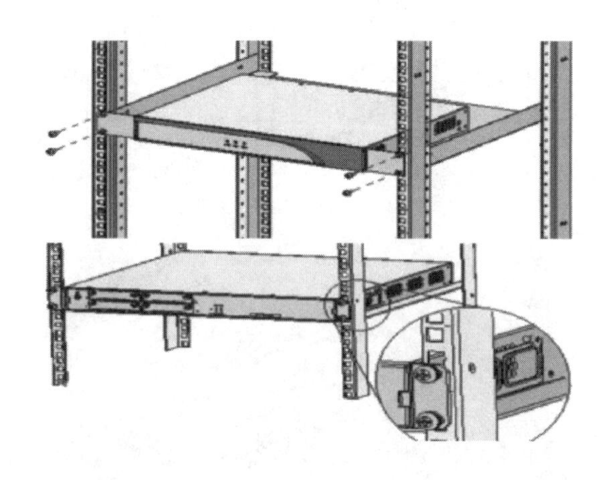

工艺说明：

(1) 安装交换机到机柜/机架。

(2) 安装浮动螺母到机柜的方孔条。

(3) 安装交换机到机柜。

(4) 安装交换机到工作台。

(5) 为交换机连接接地线缆。

010202　汇聚交换机安装

工艺说明：

（1）使用M4螺钉（交换机两边各安装3个）将挂耳安装到交换机的两边，顺时针拧紧。

（2）在机柜前方孔条上安装浮动螺母。

（3）搬运交换机进机柜，双手托住设备使交换机两边的挂耳安装孔与机柜方孔条上的浮动螺母对齐。

（4）连接交换机接地线缆。

010203 核心交换机安装

工艺说明：

(1) 使用 M4 螺钉（交换机两边各安装 3 个）将挂耳安装到交换机的两边，顺时针拧紧。

(2) 搬运交换机进机柜，双手托住设备使交换机两边的挂耳安装孔与机柜方孔条上的浮动螺母对齐。

(3) 安装单板：横插型：PCB 板的一面方向朝上；竖插型：PCB 板的一面方向朝左；沿着导轨平稳插入。

将电源模块安装到机箱中。

将防尘网的导向销插入机箱对应的定位孔，并用螺丝刀拧紧防尘网的松不脱螺钉。

安装风扇框，将风扇框沿插槽导轨推入机箱中，直至风扇框完全插入插槽。使用螺丝刀拧紧风扇框的松不脱螺钉。

010204　数字程控交换机安装

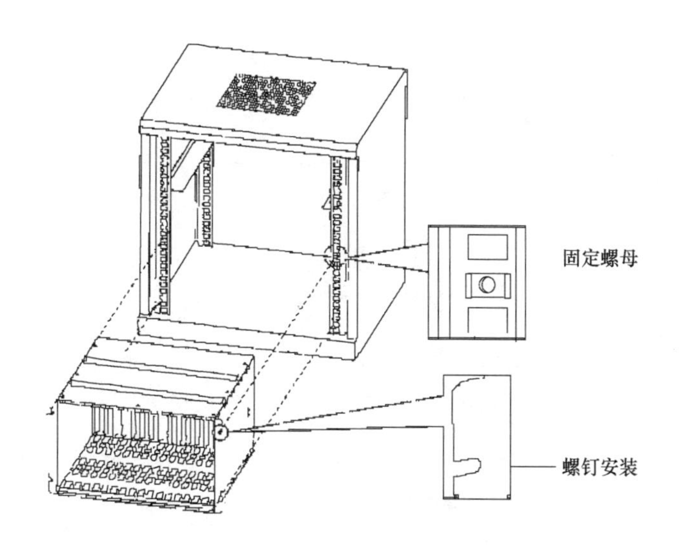

工艺说明：

（1）安装机柜。

（2）设备接地。

（3）整流器安装。

（4）后备电池安装。

（5）UAC 电源安装。

（6）安装 PSC 电源。

（7）安装 TIM 以太网接口板。

（8）安装 DVC 电脑话务员板。

（9）安装中继用户板。

010205　光纤模块安装

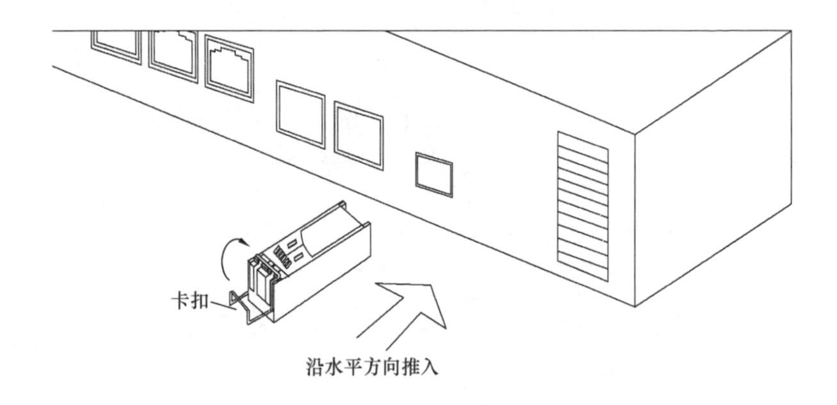

工艺说明：

将金属卡扣向上垂直翻起，将光模块沿水平方向轻推入插槽，完成安装。

010206　堆叠模块安装

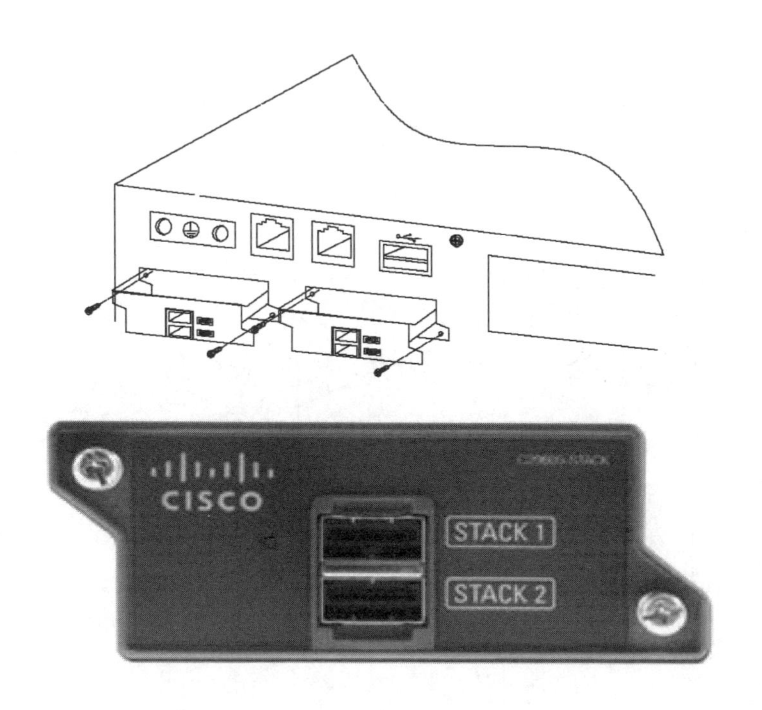

工艺说明：

将堆叠模块，水平推入插槽，用螺钉旋紧即可。

010207　电源模块安装

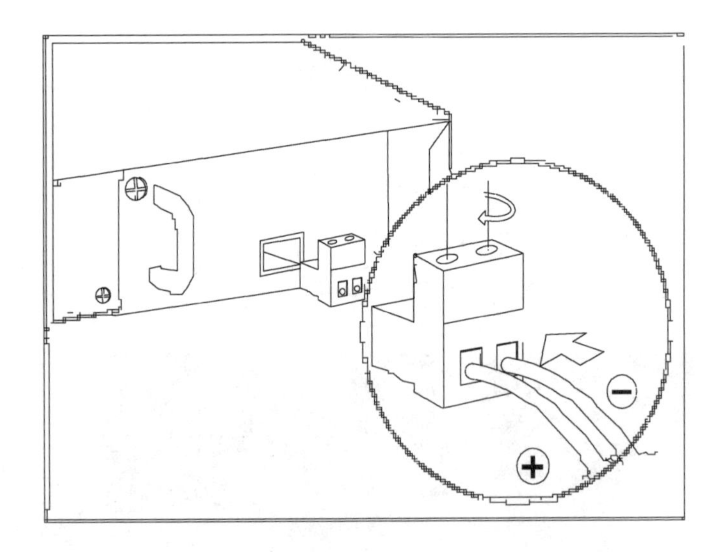

工艺说明：

将电源模块沿着电源插槽导轨水平插入插槽，再将电源模块上的拉手合拢到电源模块的凹槽中，最后用十字螺丝刀将电源模块固定到机箱中。

010208　POE 供电模块安装

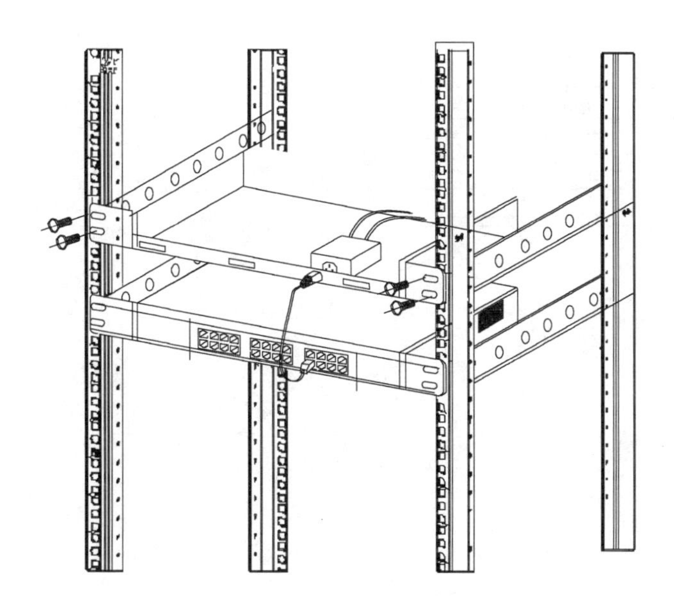

工艺说明：

将 POE 供电模块按相应的接口接入外线和被保护设备之间。

防雷地线的连接。

010209 堆叠线安装

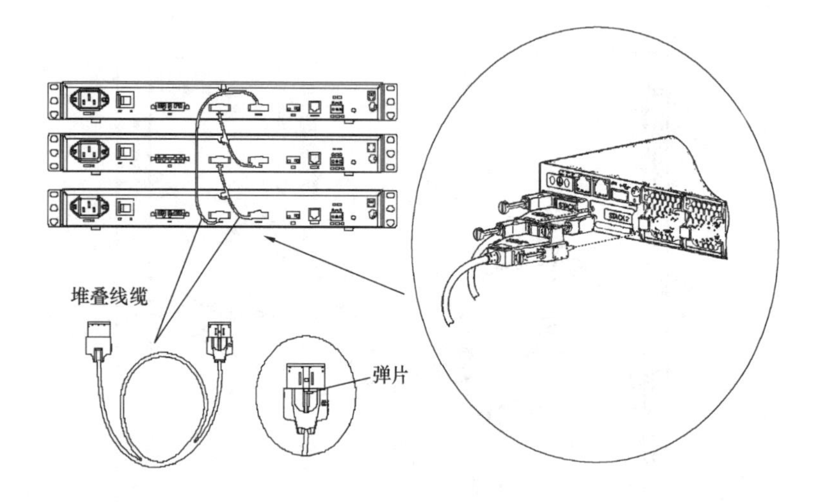

工艺说明：

线缆两端粘贴临时标签。

弯曲堆叠线时请注意弯曲半径需大于 50.8mm。

堆叠线缆长度为 10m 连接堆叠线缆时，两个接头中间多余的线缆需置于盘线盒中。

2. 无线设备

010210　室内无线 AP 安装

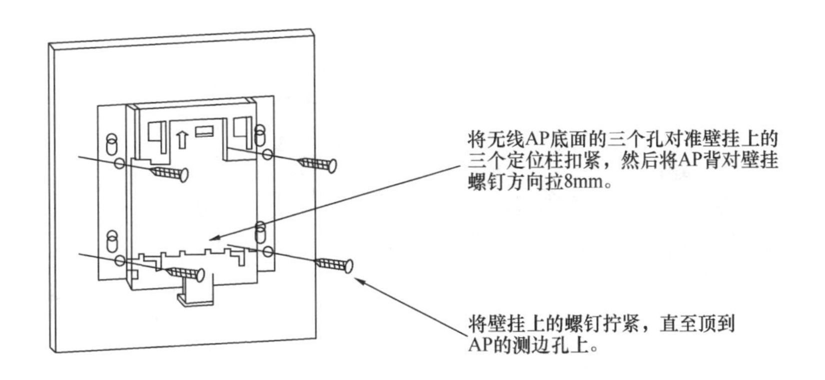

工艺说明：

首先，使用冲击钻（或电锤）打孔。

清洁墙面和安装挂板表面，将膨胀螺钉对正相应的塑料膨胀管固定在墙面。将壁挂上的螺钉拧紧，直至顶到AP的侧边孔上。

将无线 AP 底面的三个孔对准壁挂上的三个定位柱扣紧，然后将 AP 背对壁挂螺钉方向拉 8mm。

010211 面板式 AP 安装

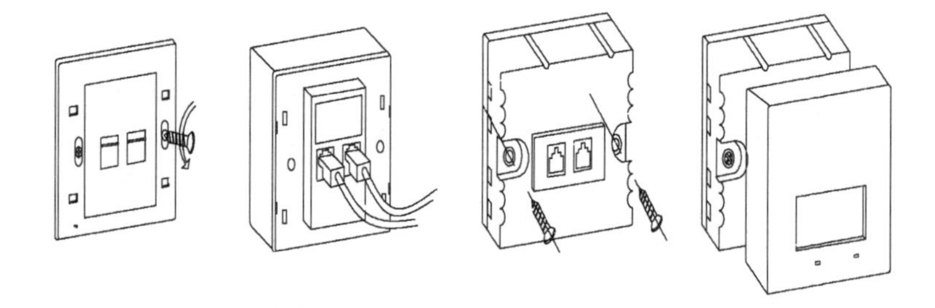

工艺说明：

取下墙上的 86 型网络接线面板（若无盒盖，可忽略）。将墙壁中的网线接上水晶头，并将他们插入背面板相应接口。

对准设备与暗盒上的螺丝孔，装入螺钉以固定。

固定盒盖，完成安装。

010212 室外无线 AP 安装

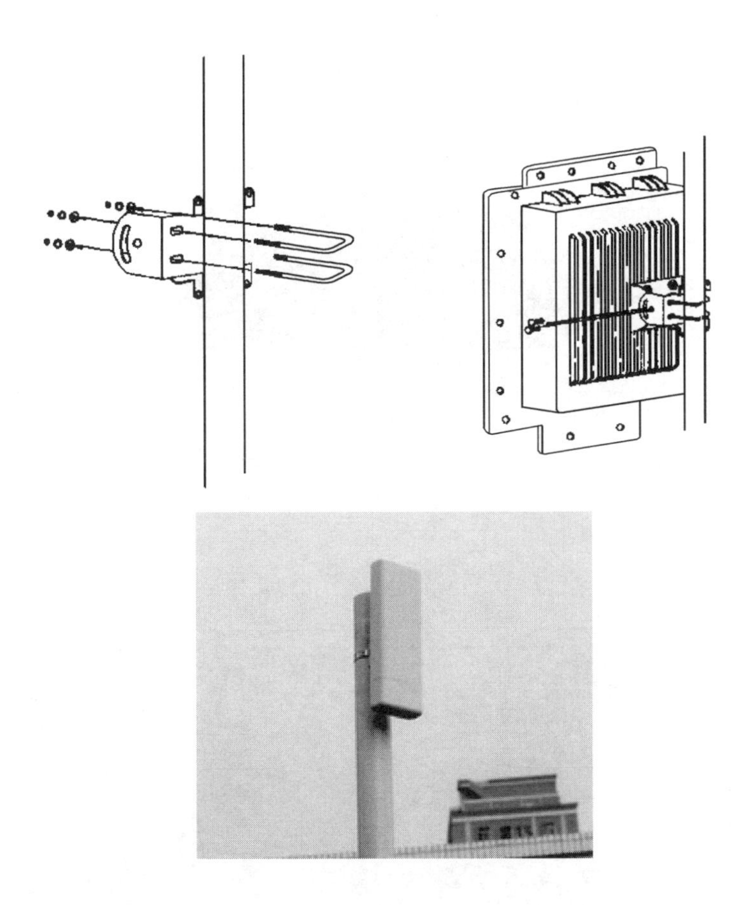

工艺说明：

在竖直或水平抱杆上安装 V 形紧固架、U 箍和安装板。

将无线基站设备用螺钉固定在安装板上，引线接地。

010213　无线控制器安装

工艺说明：

安装在配线柜里。

交流电源线连接：

第一步：将无线控制器随机附带的机壳接地线一端接到无线控制器后面板的接地柱上，另一端就近良好接地。

第二步：将无线控制器的电源线一端插到无线控制器机箱后面板的电源插座上，另一端插到外部的供电交流电源插座上。

第三步：安装交流电源线的线扣。将线扣的两头分别插入交流电源接口两侧的插槽中，并将交流电源线置入线扣尾部的凹槽中。

当无线控制器所处安装环境中没有接地排时，可采用长度不小于0.5m的角钢或钢管，直接打入地下。

3. 其他设备

010214　路由器安装

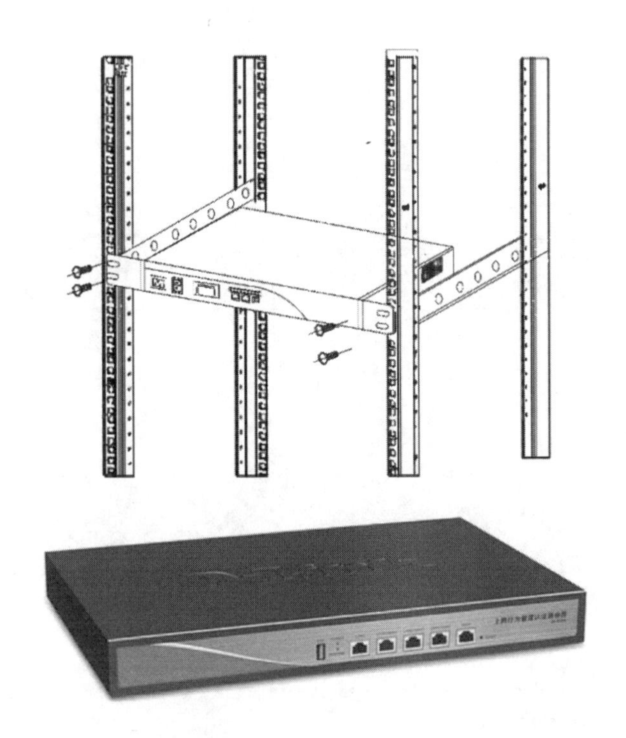

工艺说明：

首先，将挂耳安装到路由器的两边。然后，将挂耳固定到机柜方孔条上。

010215 防火墙安装

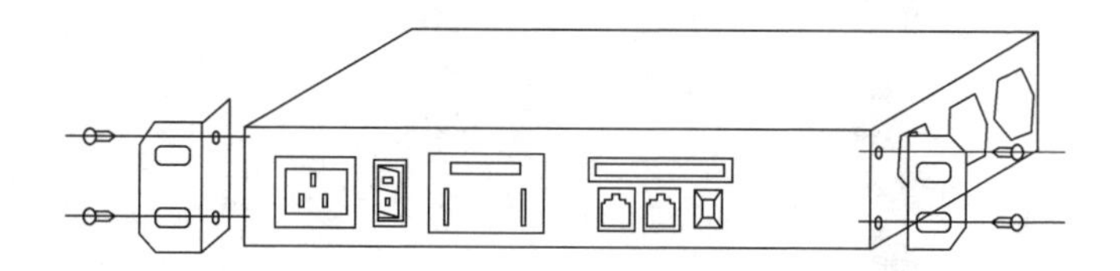

工艺说明：

安装挂耳。

将设备左、右挂耳固定在机柜的前立柱上。

安装 CF 卡：将模块推入插槽，听到清脆响声后即安装到位。

连接以太网光接口：将光模块插入光接口；将光纤一端的两个光纤连接器分别插入光模块的 Rx 和 Tx 口，再将光纤另一端的两个光纤连接器分别插入对端设备的 Tx 和 Rx 口。

010216　互联网控制网关安装

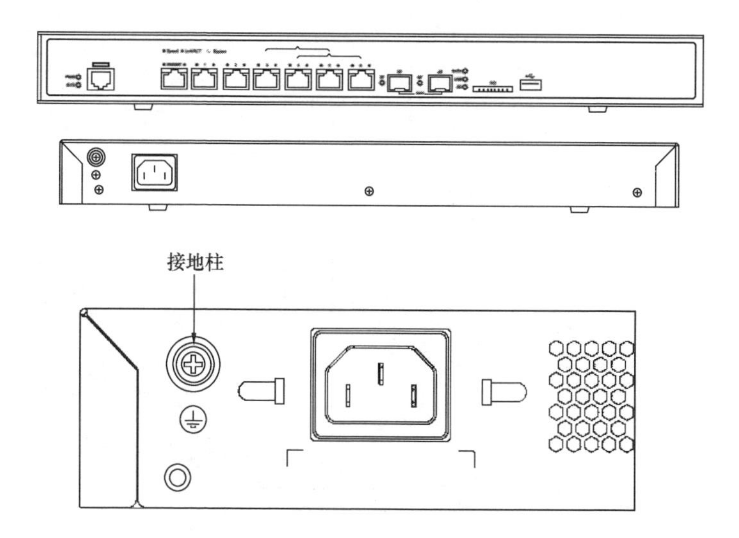

工艺说明：

将出口网关的电源线一端插到出口网关机箱后面板上的电源插座上，另一端插到交流电源插座上。

最后需满足接地要求，接地电阻要求小于1Ω。

第三节 信息引导及发布系统

1. 显示部分

010301 落地式显示屏安装

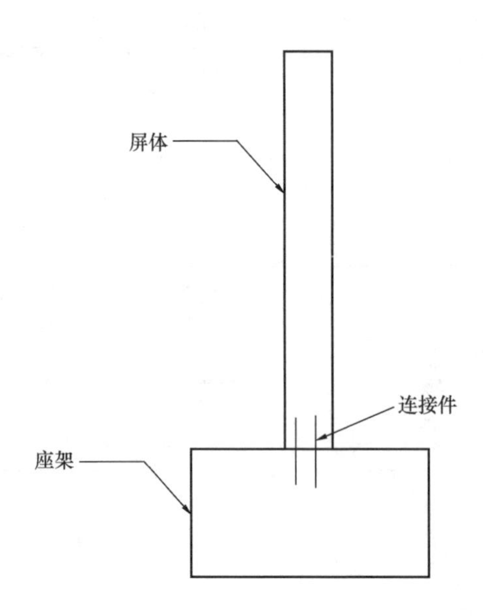

工艺说明：

落地式显示屏采用座架安装，座架采用螺钉与地面安装，并且显示屏电源线及信号线从地下敷设，然后将显示屏用螺钉与座架固定住。座装结构是在地面采用混凝土结构砌一堵足够支撑整个LED显示屏的墙体，在墙体上建造钢结构安装显示屏，钢结构预留800mm的维修空间，放置相关设备及维护设施。

010302　贴墙式显示屏安装

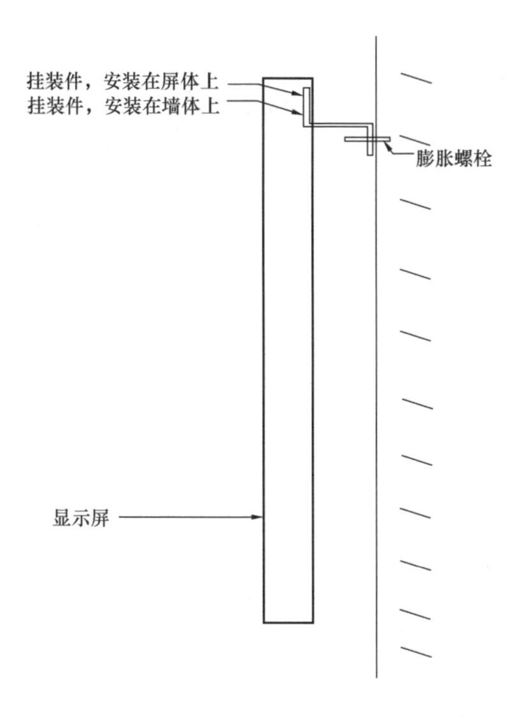

工艺说明：

首先，在贴墙式显示屏与墙体连接的挂架螺栓孔对应位置的墙体上打眼，然后安装膨胀螺栓，接着将挂架挂在螺栓上后用螺母将其拧紧固定好。显示器按照与墙面连接的挂架位置在其背部预留的对应位置的孔连接带卡扣的螺栓，连接完成后将卡扣对准墙壁上的挂架卡孔插入卡紧即可。

010303　架装式显示屏安装

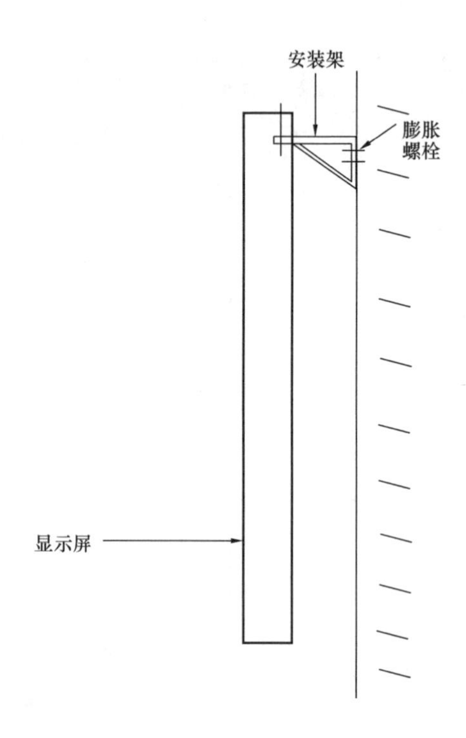

工艺说明：

首先将安装支架用膨胀螺栓固定在墙面上，然后将显示屏与安装支架用膨胀螺栓连接在一起即可。

010304 吊装式显示屏安装

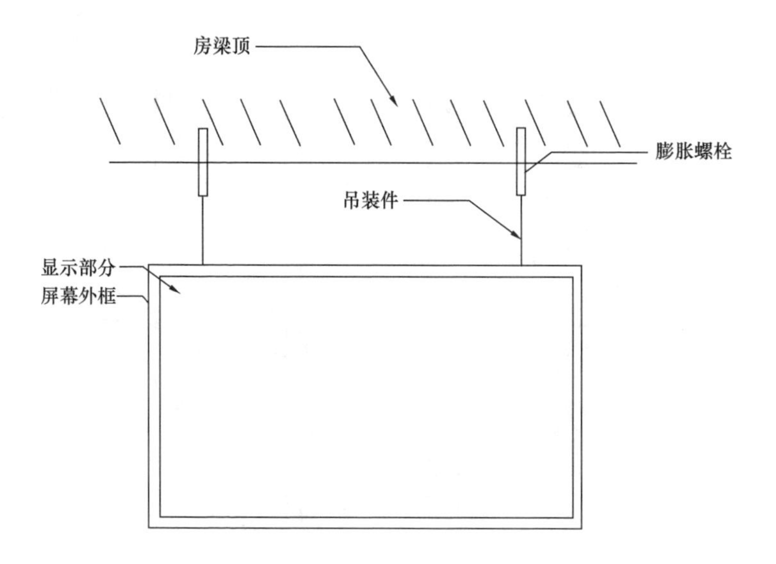

工艺说明：

第一步，首先是测量出显示屏的长和宽，然后依据标准挂件与挂件的距离为1.5m，每个显示屏的挂件最少不少于2个的原则计算出挂件数量。

第二步，固定显示屏的吊装挂件。

第三步，将显示屏挂在所固定的挂件之上，然后用膨胀螺栓将显示屏边框与吊装挂件牢固地连接在一起，显示屏吊装要保持水平，两端的水平高度差异不能超过5mm。

2. 设备部分

010305 机架式设备安装

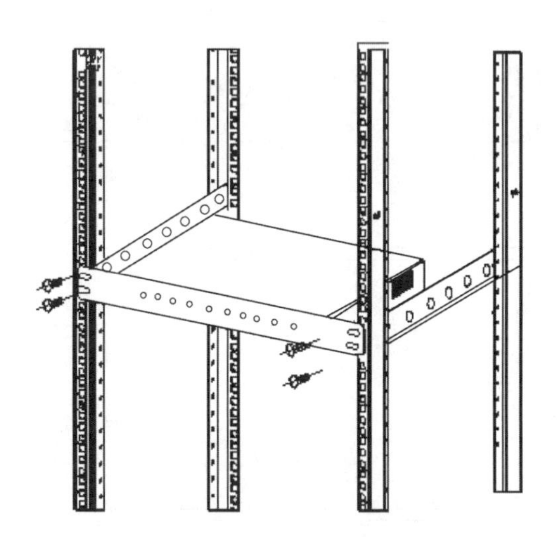

工艺说明：

（1）安装多媒体控制器到机柜/机架：

1）安装挂耳到多媒体控制器。

2）将挂耳的长边贴近多媒体控制器，挂耳的安装孔与多媒体控制器侧面的挂耳安装孔对齐。

3）使用M4螺钉（交换机两边各安装3个）将挂耳安装到多媒体控制器的两边，顺时针拧紧。

（2）安装浮动螺母到机柜的方孔条。

（3）为多媒体控制器连接接地线缆。

（4）发送器、接收器、多媒体控制器的安装方式同此。

010306 编辑工作站安装

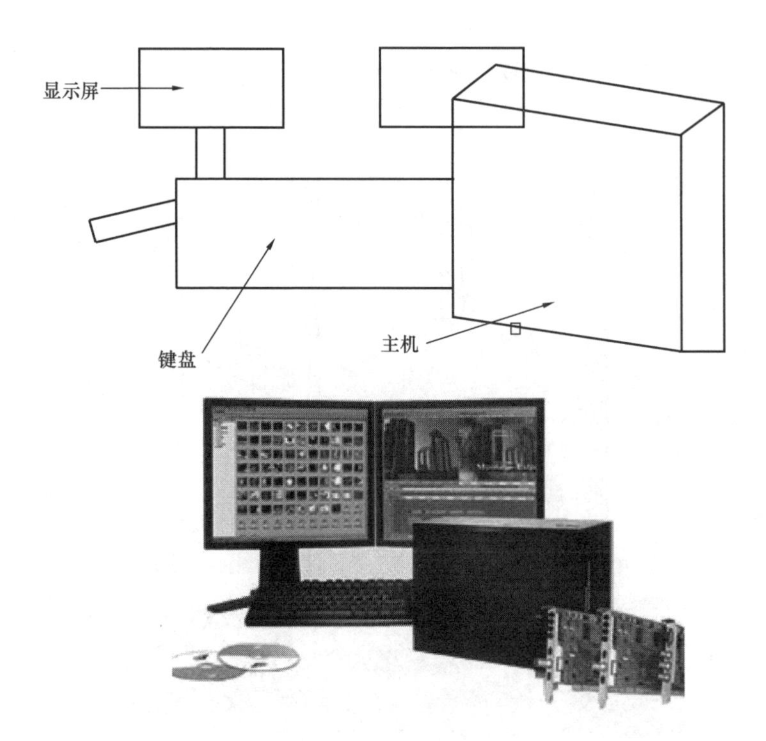

工艺说明：

编辑工作站为一套利用计算机进行视频编辑的设备，其安装及使用与平时所用计算机相同。

第四节　背景音乐及紧急广播系统

1. 后端设备

010401　音源一体机安装

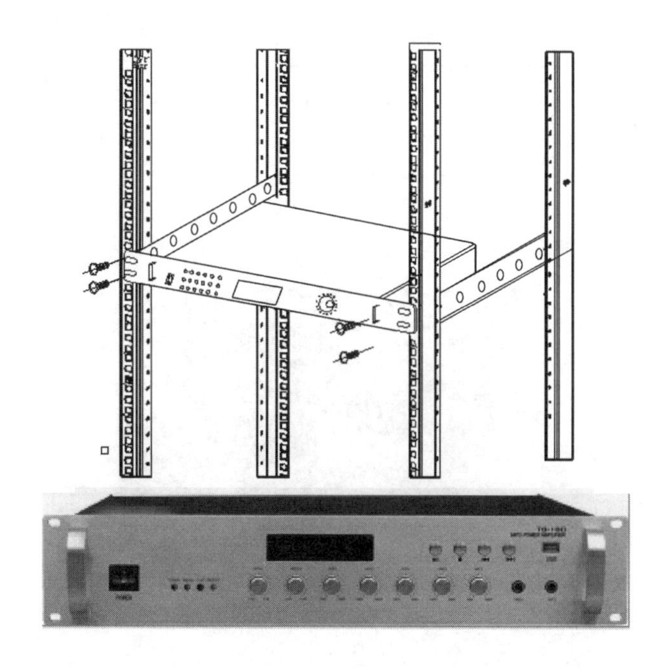

施工工艺：

（1）安装一体机到机柜/机架。

（2）安装浮动螺母到机柜的方孔条。

（3）为音源一体机连接接地线缆。

（4）机架式安装的设备参照此安装即可。

2. 扬声器

010402　天花吸顶扬声器安装

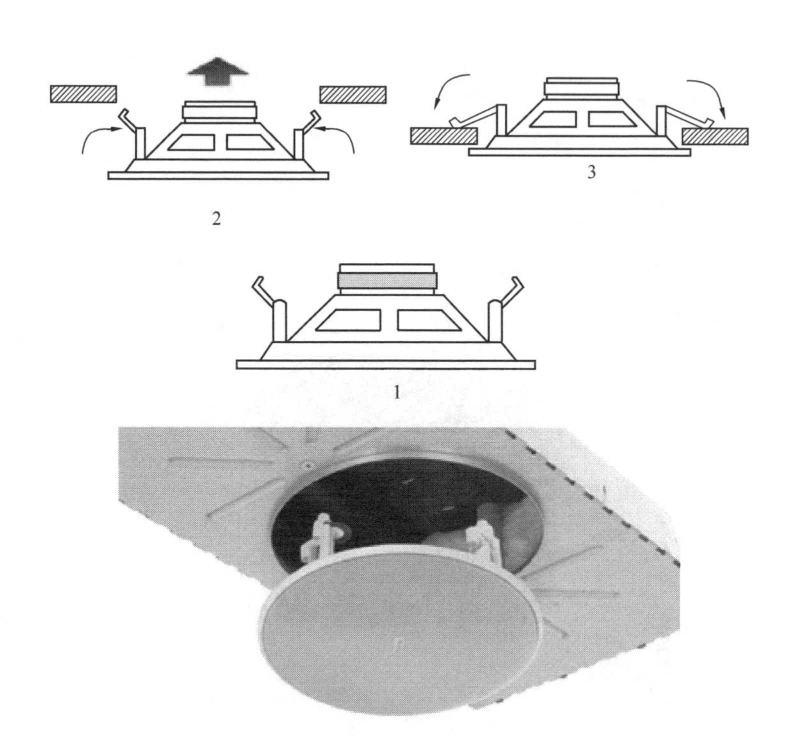

工艺说明：

(1) 将扬声器两侧弹簧扣垂直，装入开孔后的天花板中。

(2) 放下扬声器两侧的弹簧扣，之后确认扬声器安装稳定。

010403 立柱扬声器安装

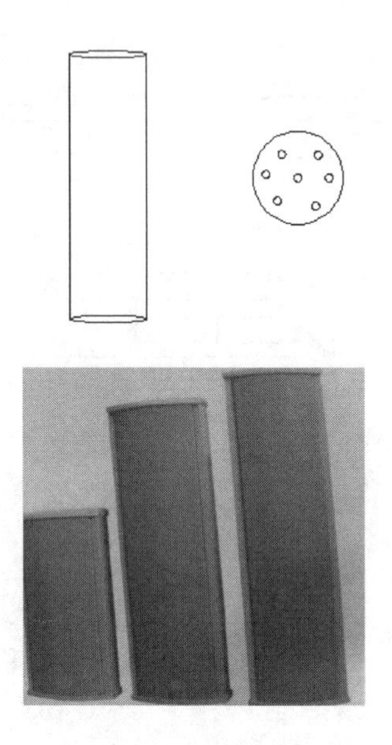

工艺说明：

先将底座与地面用膨胀螺栓固定，然后将立柱扬声器和底座用膨胀螺栓连接在一起即可。

010404　壁挂扬声器安装

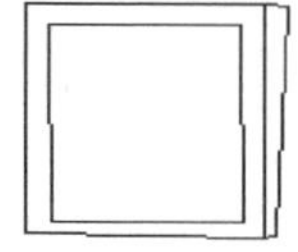
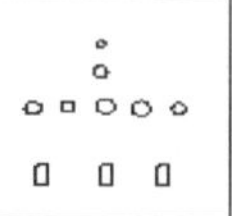

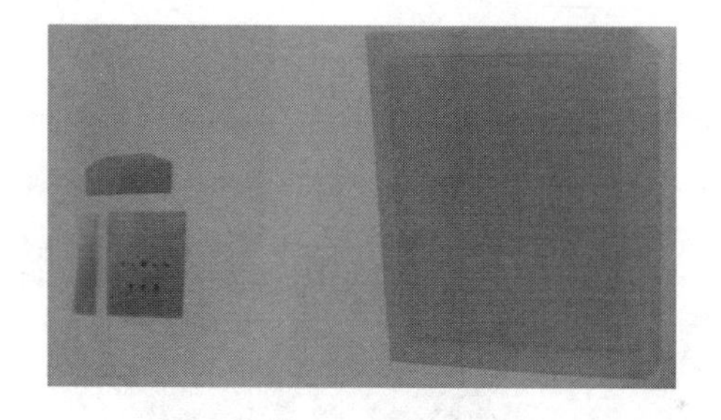

工艺说明：

壁挂扬声器的底座用膨胀螺栓与墙面固定在一起，然后将扬声器与底座用膨胀螺栓连接固定即可。

010405　落地式草地扬声器安装

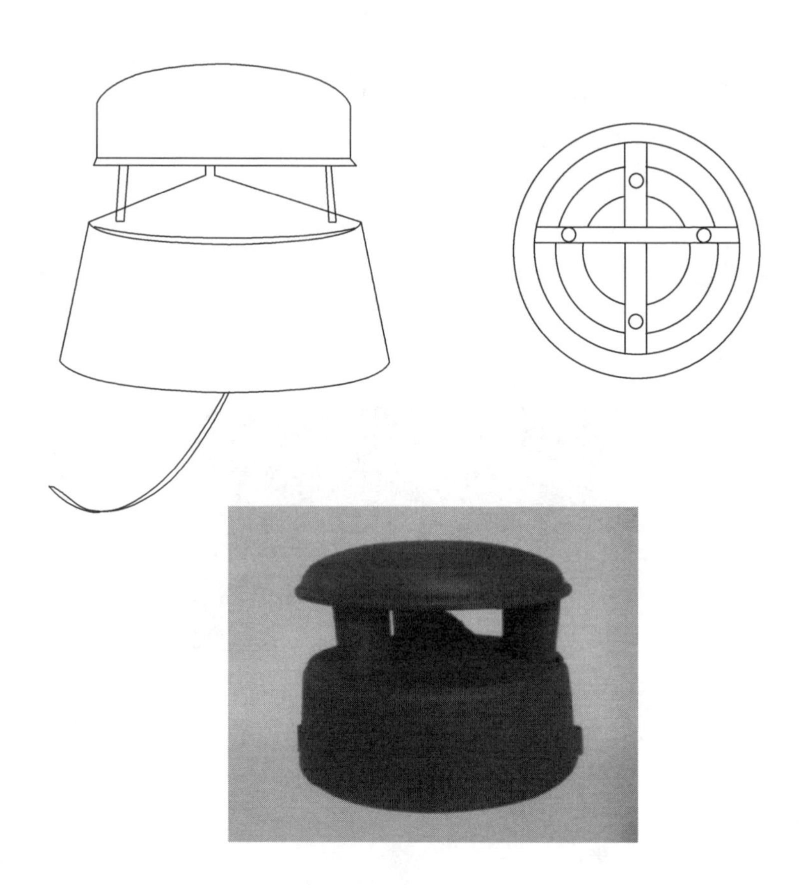

工艺说明：

先将底座与地面用膨胀螺栓固定，然后将扬声器和底座用膨胀螺栓连接在一起即可。

3. 其他设备

010406　音量开关安装

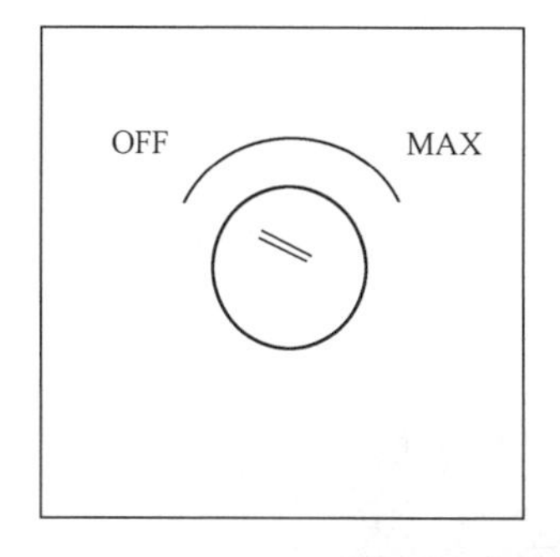

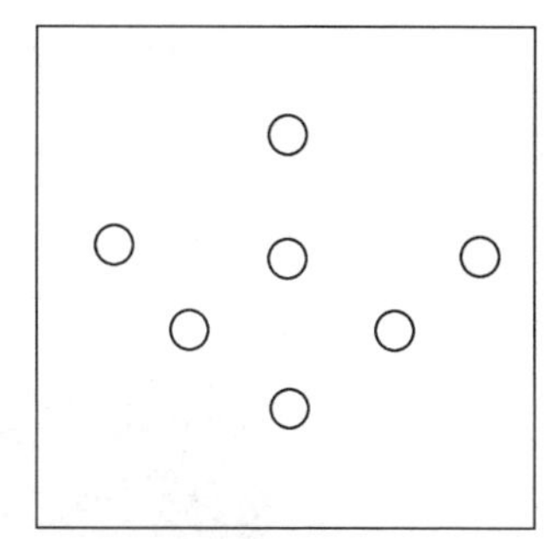

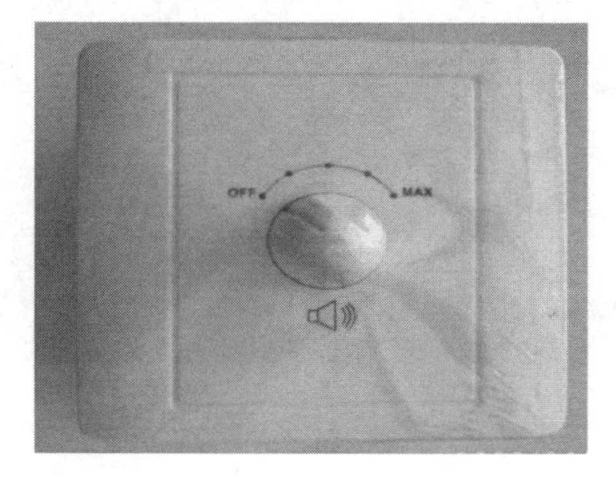

工艺说明：

用膨胀螺栓将底座与墙面连接牢固，然后用膨胀螺栓将音量开关与底座连接在一起即可。音量控制器的安装方式同此。

第五节 有线电视及卫星电视接收系统

1. 避雷设备

010501 卫星避雷器安装

工艺说明：

避雷器应安装在被保护设备的前端，越靠近被保护设备保护效果越好。电源、信号线路进出设备的端口都应设SPD。

010502　避雷针安装

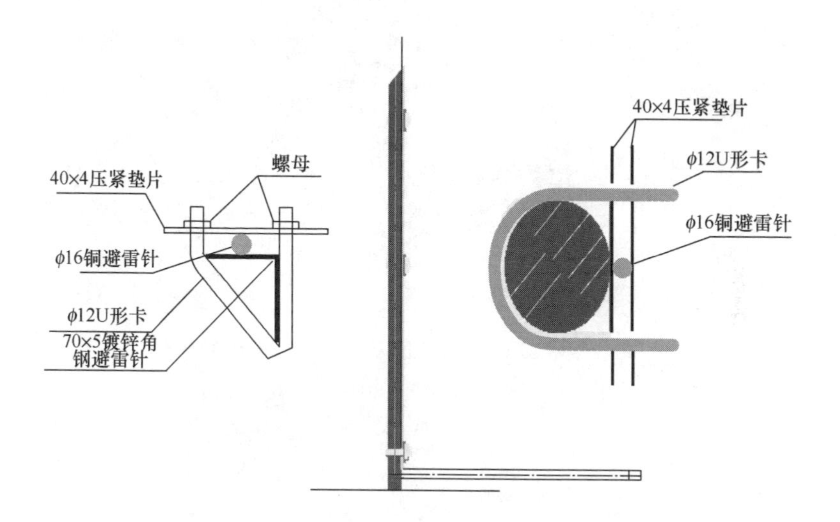

工艺说明：

原塔的避雷针为2m角钢时：采用长为2.5m的φ16铜避雷针，铜避雷针站在横材肢上，铜避雷针上中下各部分每处至少一个φ12U形夹紧绑，压紧垫片用40×4镀锌扁钢。（对应一个垫片）

原塔的避雷针为3m圆钢时：采用长为3.5m的φ16铜避雷针，铜避雷针底部靠紧圆钢避雷针连接端面上，铜避雷针上中下各部分每处至少一个U形螺栓紧绑。U形螺栓建议为M12型，管内径24mm。垫片选用40×4镀锌扁钢。（对应两个垫片）

010503 铜带安装

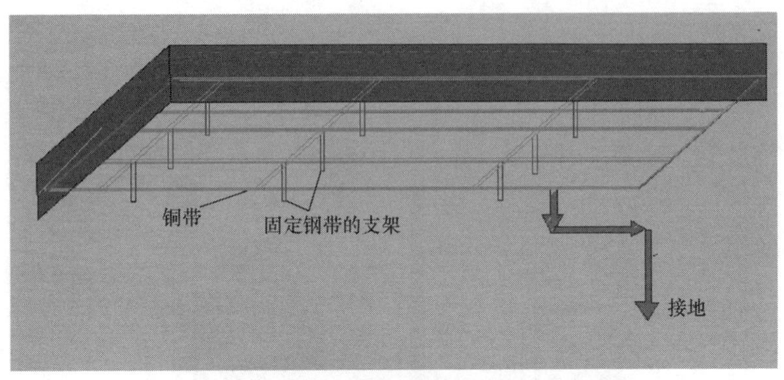

工艺说明：

用 3mm×30mm 的铜带在机房活动地板下造成一个 M 形或 S 形的地网，并在铜带下用垫绝缘子固定，由网格地引线至大楼外机房专用接地体接地电阻≤1Ω。

把每一机柜通过 $16mm^2$ 的地线连接至机房活动地板下 3mm×30mm 的铜排上。

机柜接地与新建的独立地网接地干线相连接。

010504　塔杆安装

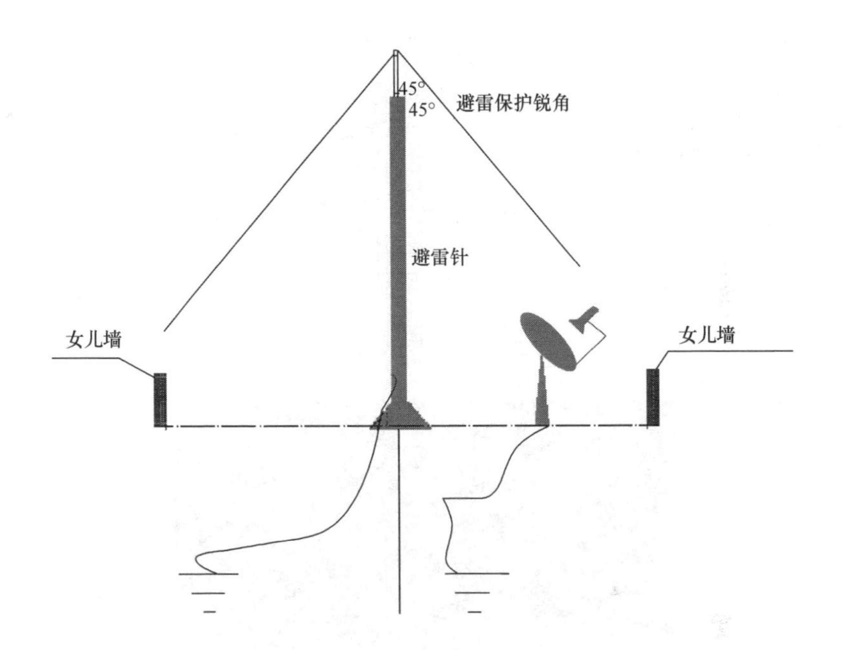

工艺说明：

（1）抱杆的固定：由架子工将抱杆垂直固定在塔基础处用于人工吊装第一节避雷塔。

（2）吊装施工：依次完成第一、二、三、四、五节避雷塔安装。

010505 塔杆基础安装

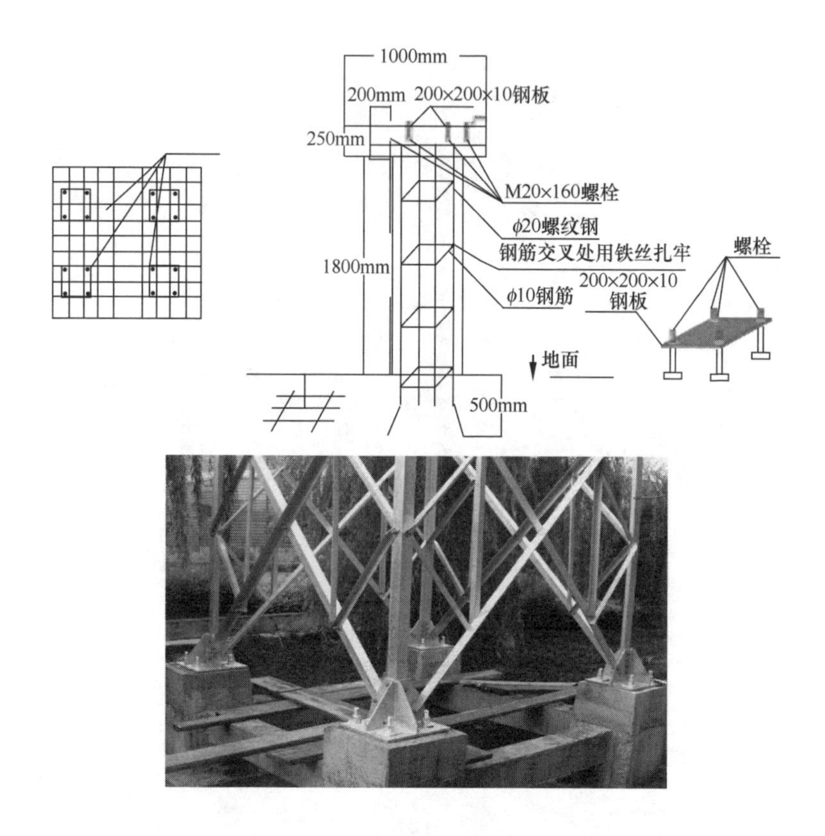

工艺说明：

一般情况下避雷塔基础是按避雷塔节数进行描写基础预埋件及基础深度，然后根据现场实践情况选用恰当的东西及用工人员进行基础施工。注意混凝土养护期为一周以上。

2. 干线放大器及延长放大器

010506　干线放大器安装

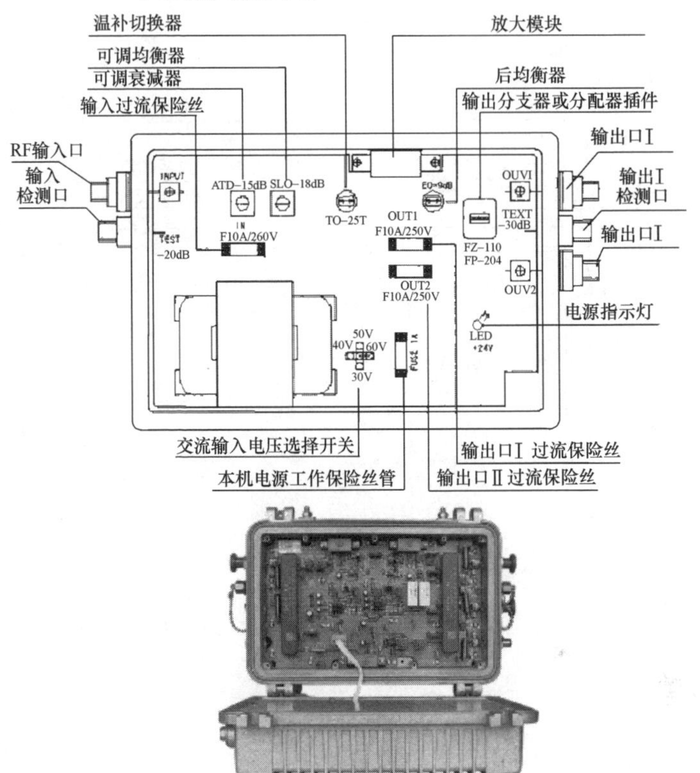

工艺说明：

(1) 在架空电缆线路中，干线放大器应安装在距离电杆1m的地方，并固定在吊线上。

(2) 在墙壁电缆线路中，干线放大器应固定在墙壁上。吊线有足够的承受力，也可固定在吊线上。

(3) 在地下穿管或直埋电缆线路中干线放大器的安装，应保证放大器不得被水浸泡，可将放大器安装在地面以上。

010507 延长放大器安装

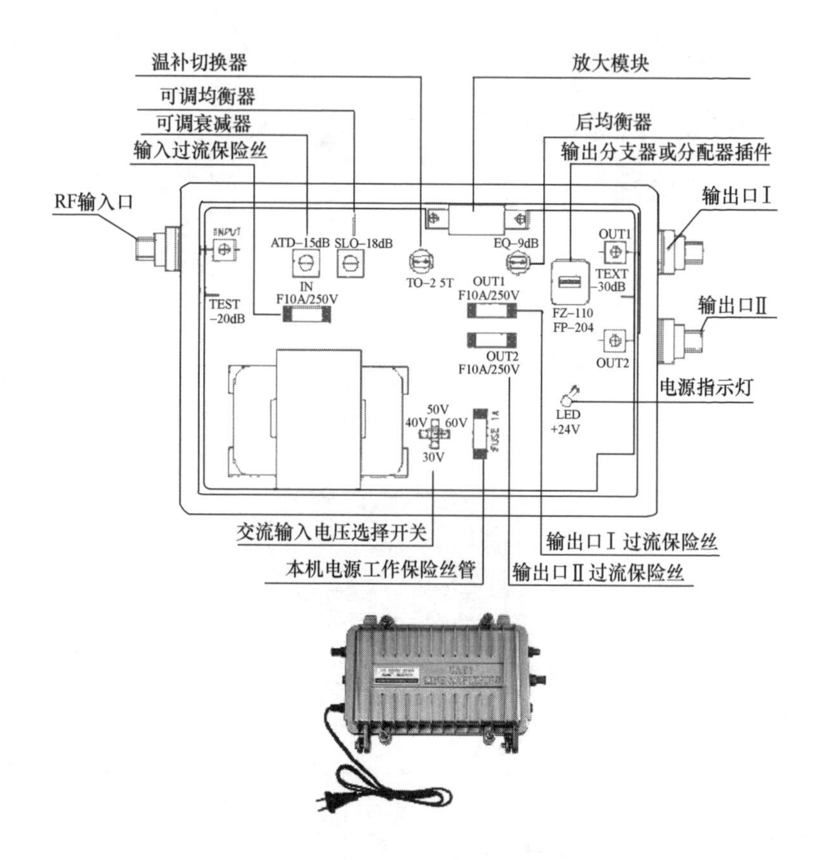

工艺说明：

按设备结构图安装连接好放大器，接通电源，放大器的电源指示灯应正常指示即可。

3. 分配器及分支器

010508 分配器安装

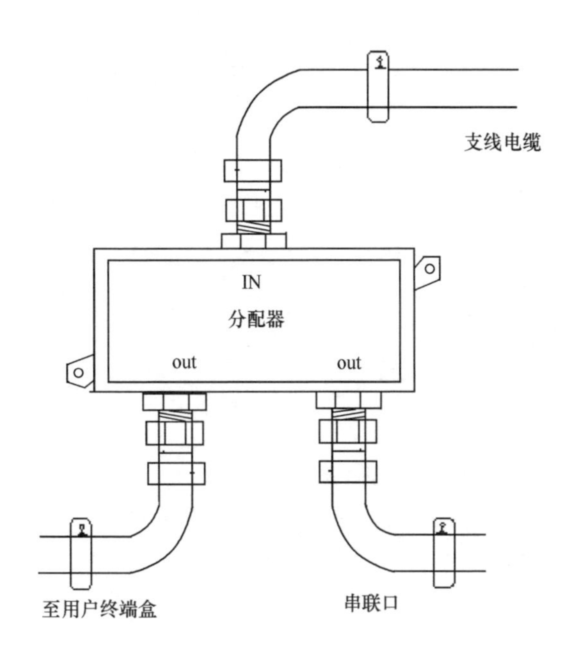

工艺说明：

（1）in 接入户端 F 头插入光缆，光缆同轴部分包出 1cm 裸铜线插入分配器，同样 out 接用户端即可。

（2）最后用胶布缠好光缆与 F 头连接部分，防止脱落和杂波介入。

010509　分支器安装

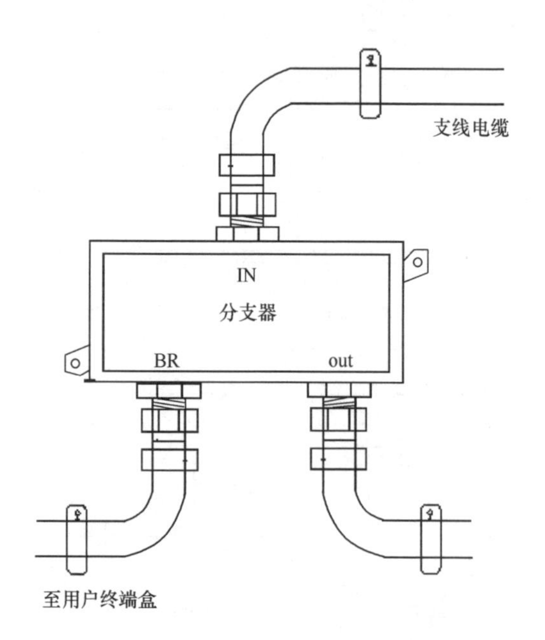

工艺说明：

（1）in 接入户端 F 头插入光缆。

（2）光缆同轴部分包出 1cm 裸铜线插入分支器。

（3）同样 out 接用户端即可。

（4）最后用胶布缠好光缆与 F 头连接部分，防止脱落和杂波介入。

4. 机房设备

010510 放大器安装

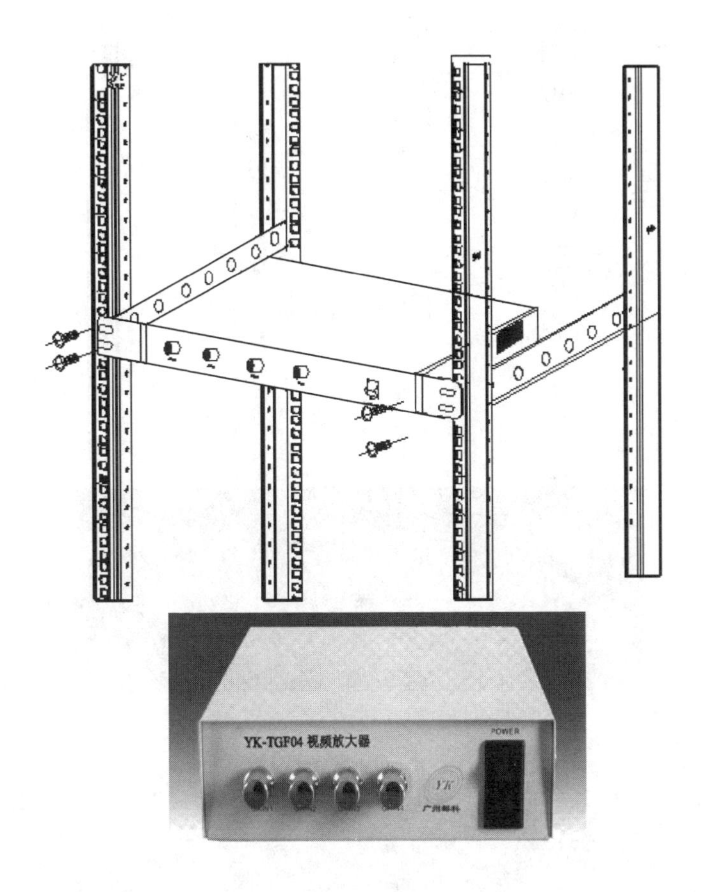

工艺说明：

（1）将放大器水平的固定于机柜内或者置于托盘上。

（2）输入输出接口分别插入信号线缆。

010511 光发射机安装

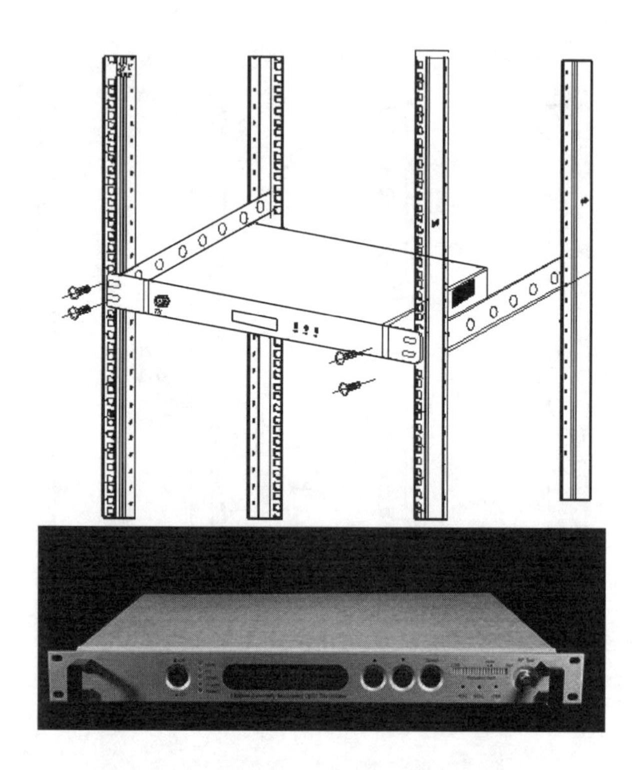

工艺说明：

（1）光发射机电源插头插入具有自动稳压电源输出的防雷电源插座上。

（2）用 75-5 电缆跳线接入光发射机。

（3）光发射机的光功率输出端口，用 FC/APC 跳线连接光分路器输入端。分光路的输出端尾纤与光缆熔接，请确认光纤接头是 FC/APC 形式。

010512　光接收机安装

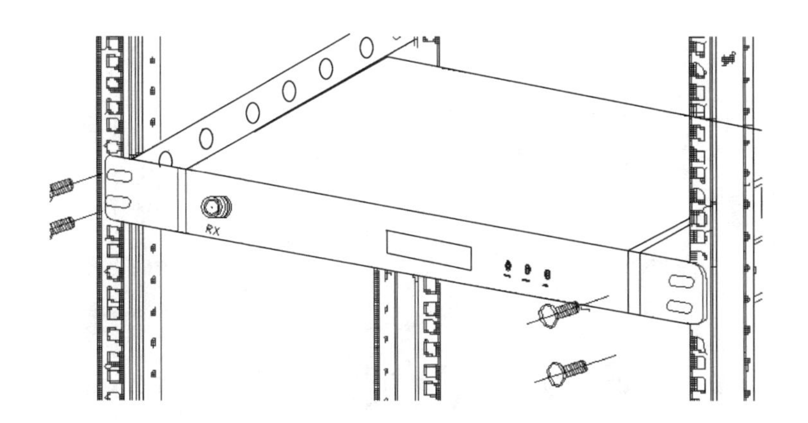

工艺说明：

(1) 将光接收机安装于机柜中。

(2) 光接收机交流电源插头插入防雷插座。

(3) 光缆与光节点接续盒、光接收机连接。

(4) 光接收机主输出口接入同轴电缆主干网。

(5) 接通光接收机电源即可。

010513 混合器安装

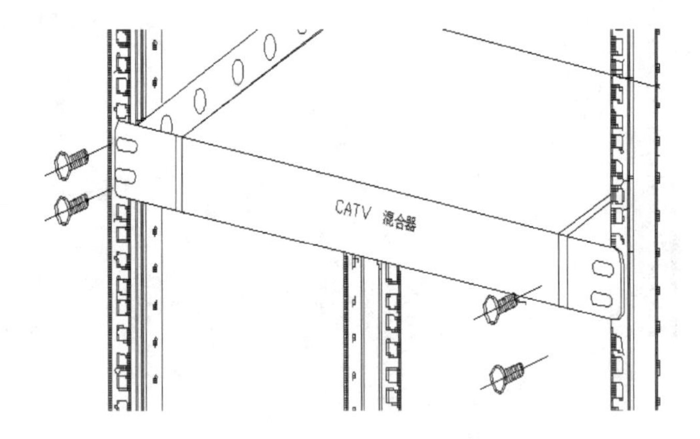

工艺说明：

将混合器水平的固定于机柜内即可。

010514　QAM调制器（4路）安装

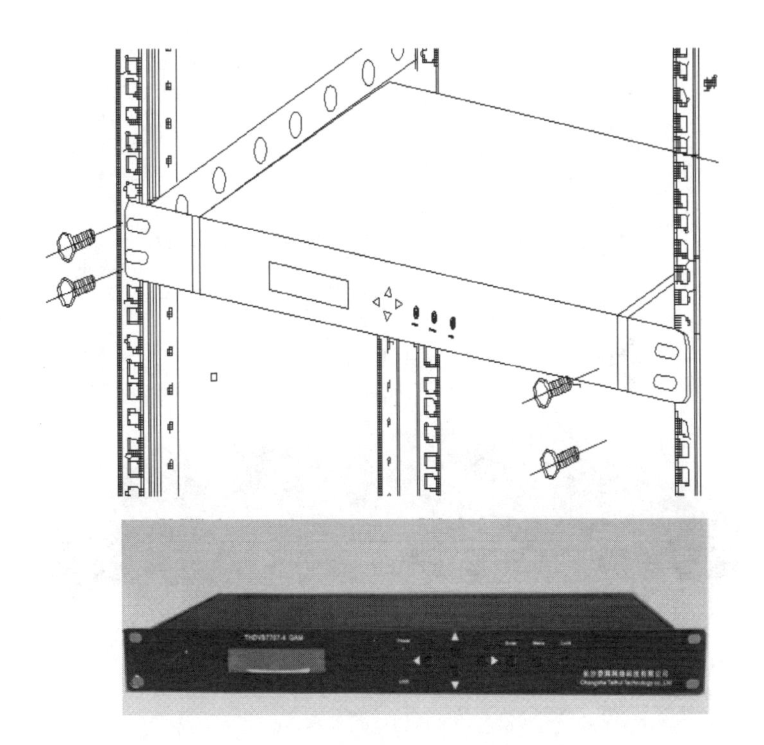

工艺说明：

将调制器水平的固定于机柜内，连接线缆即可。编码器、复用器安装方式同此。

010515　卫星解码器安装

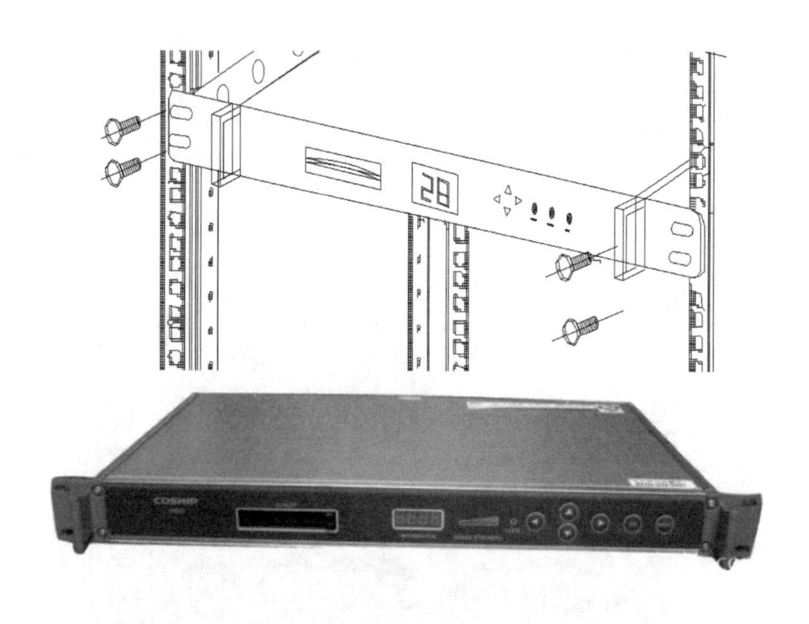

工艺说明：

将卫星解码器水平的固定于机柜内。

从解码器 A/V 端口引线至电视机 A/V 端口。

把收视卡插入解码器中，遥控器装入电池。

连接电源线并接通电源。

010516　功分器安装

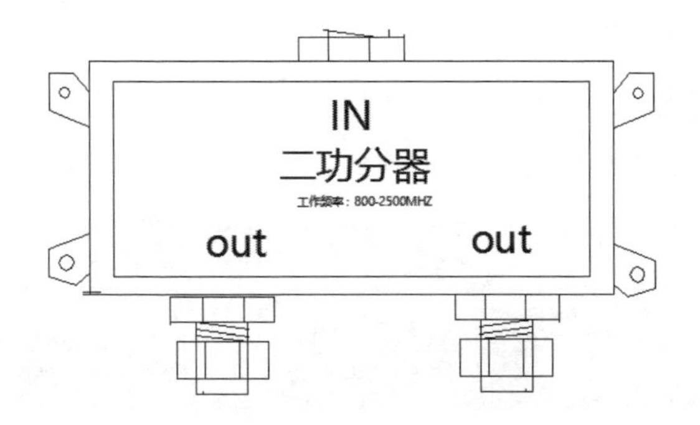

工艺说明：

输入口与高频头用馈源线和F头连结，两个输出口分别用馈源线和F头与两台接收机连结。高频头最好用双本振的。

010517　加扰器安装

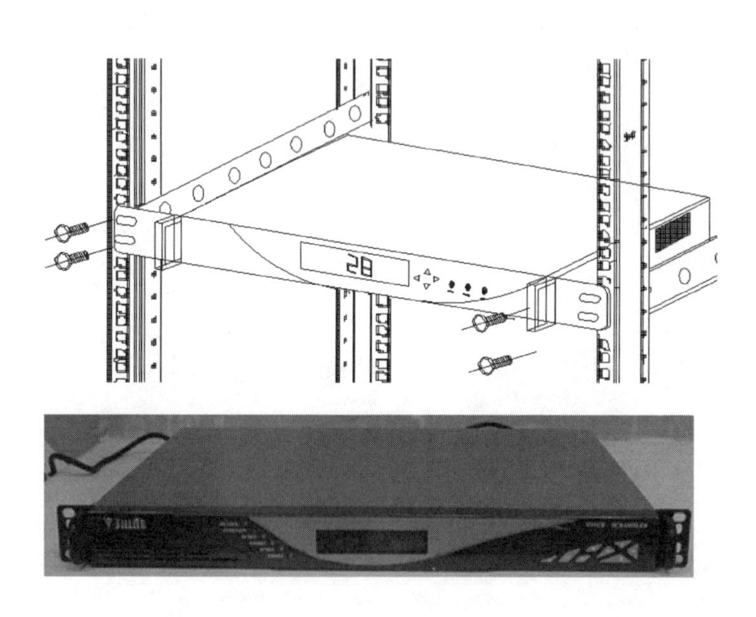

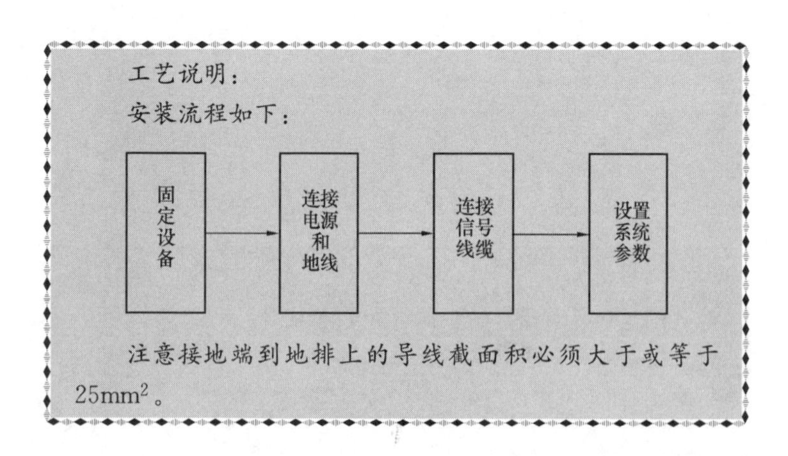

工艺说明：

安装流程如下：

固定设备 → 连接电源和地线 → 连接信号线缆 → 设置系统参数

注意接地端到地排上的导线截面积必须大于或等于 $25mm^2$。

第六节　扩 声 系 统

1. 拾音设备

010601　专业话筒安装

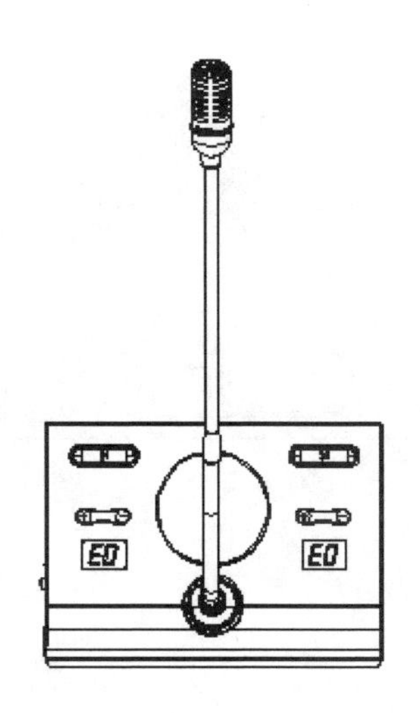

工艺说明：

首先将话筒平稳的放置于操作台之上，然后用连接线将话筒连至调音台或者其他声音处理设备。

010602　无线话筒安装

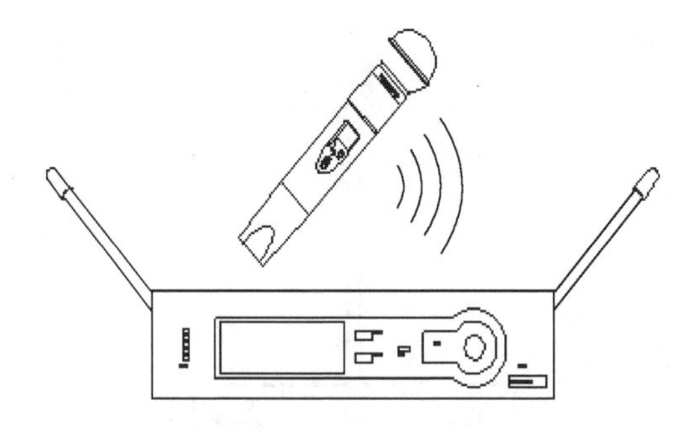

工艺说明：

首先将无线话筒安装相应型号的电池，之后，无线话筒会有接收装置，将无线话筒和接收装置的频率都设置好，必须是相同频段的。之后将接收设备连接到功放、音箱之类可以扩音的设备上即可。

010603　模拟会议话筒安装

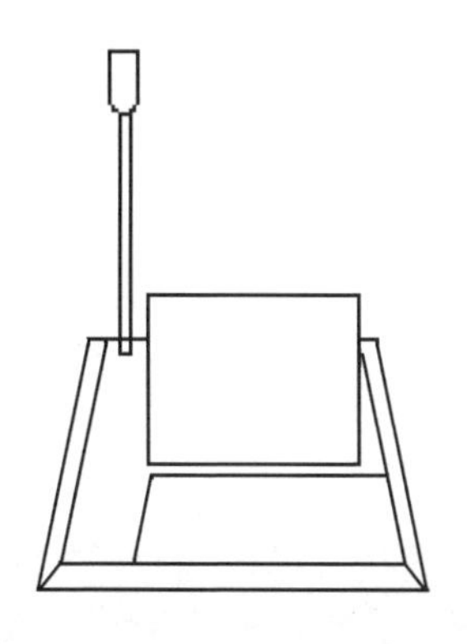

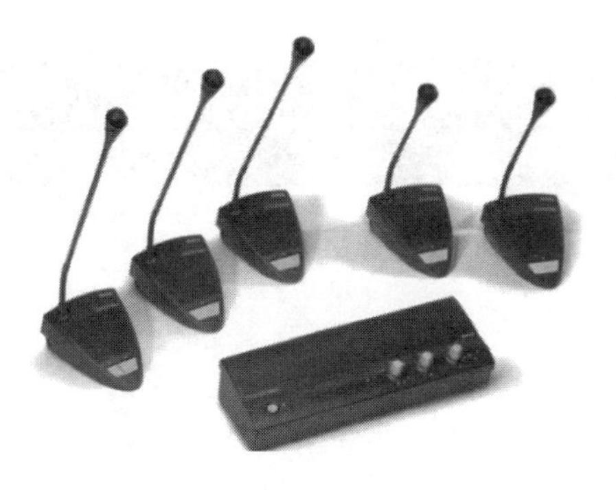

工艺说明：

首先将话筒平稳的放置于会议桌之上，然后用连接线将话筒连至调音台或者会议中控设备。

2. 周边设备

010604　参量均衡器安装

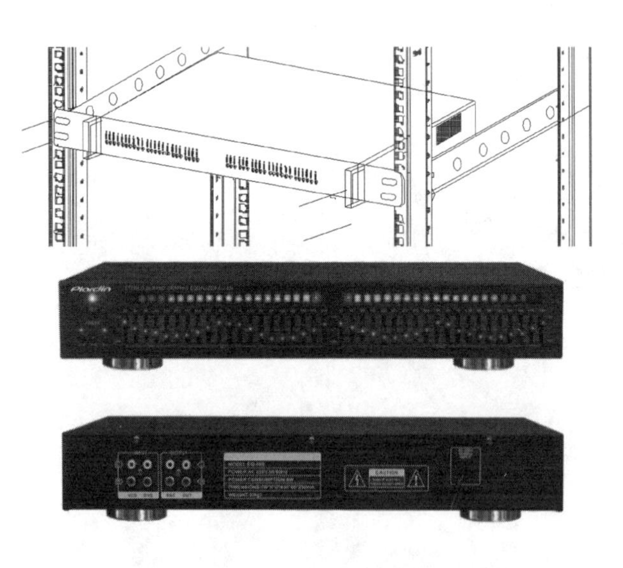

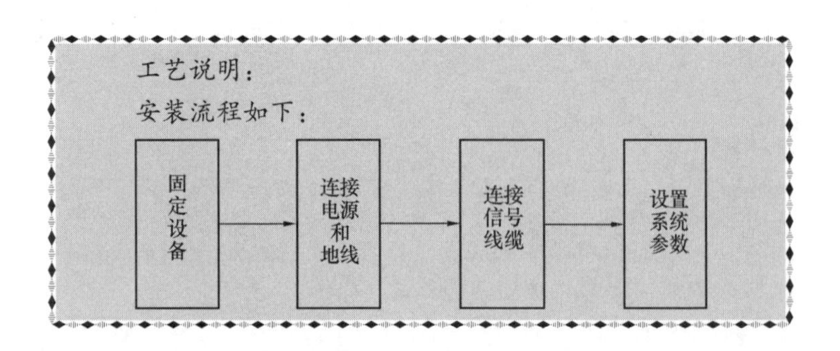

010605　分频器安装

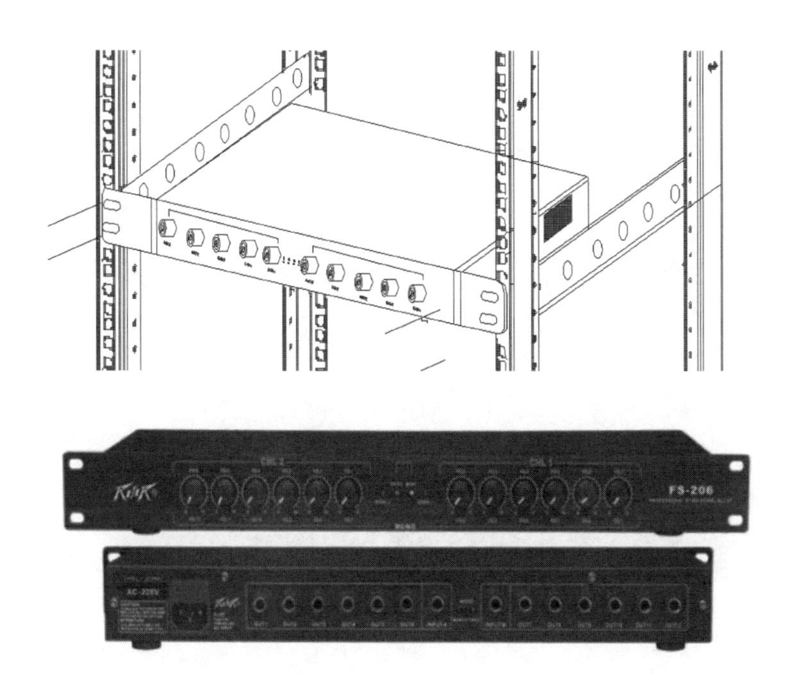

工艺说明：

将分频器水平的固定于机柜内，连接线缆。

010606 信号处理器安装

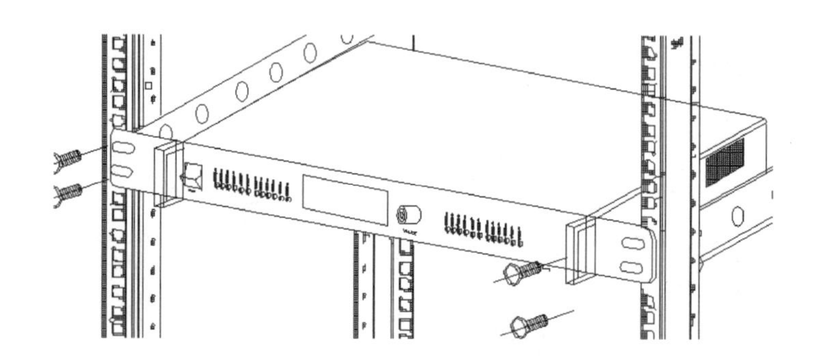

工艺说明：

首先是用处理器连接系统，先确定好哪个输出通道用来控制全频音箱，哪个输出通道用来控制超低音音箱；进入处理器的编辑（EDIT）界面来进行设置即可。

010607 延长器安装

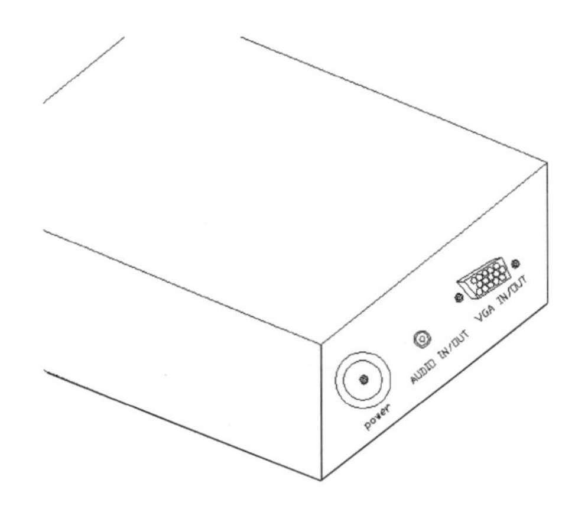

工艺说明：

(1) 按照使用的线缆及延长器接口做好相应的接头；

(2) 将延长器的收发两端分别接插在传输线缆的两头；

(3) 将发送端与信号源相接插、接收端与信号接收端接插；

(4) 接头延长器收发端的电源，测试信号接收端信号质量并调节延长器增益至信号最佳。

3. 扬声器

010608 有源扬声器安装

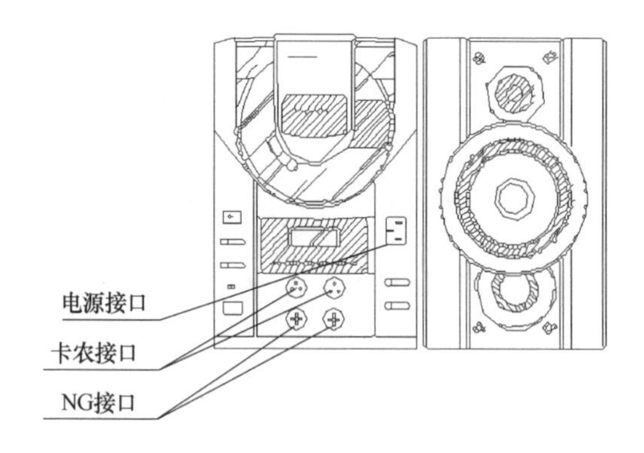

工艺说明：
将声源信号端接入扬声器信号输入端；
接通有源扬声器电源；
调节增益开关至声音大小合适即可。

010609　主扩声扬声器壁装

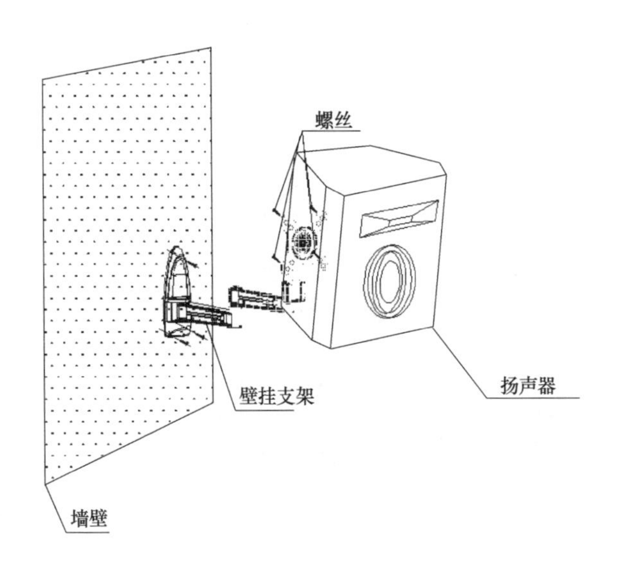

工艺说明：

（1）用膨胀螺栓将壁挂支架固定于墙面；

（2）将扬声器固定在支架之上并调整好合适的角度，拧紧螺丝；

（3）将音源信号线缆接入扬声器输入端子；

（4）广播扬声器壁装安装相同。

010610　主扩声扬声器落地安装

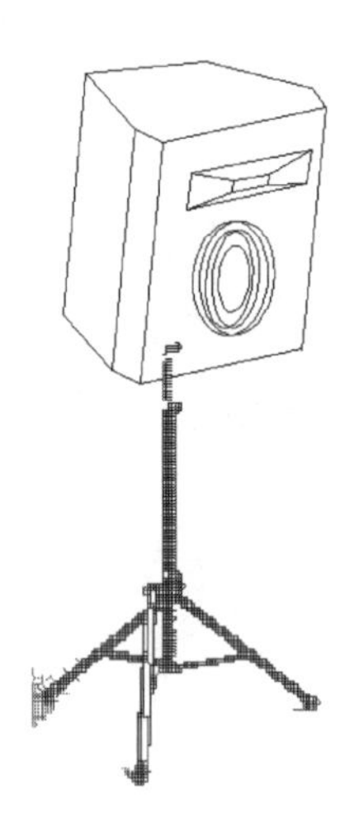

工艺说明：

（1）将落地支架打开并调整至合适的高度；

（2）将扬声器固定在支架之上并调整好合适的角度，拧紧螺丝；

（3）将音源信号线缆接入扬声器输入端子。

010611 广播扬声器吸顶安装

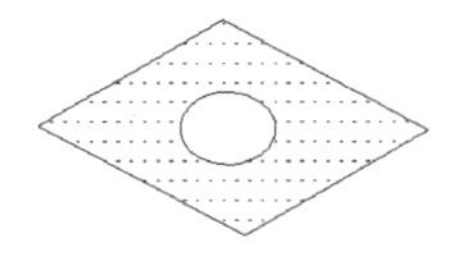
1.天花板开孔

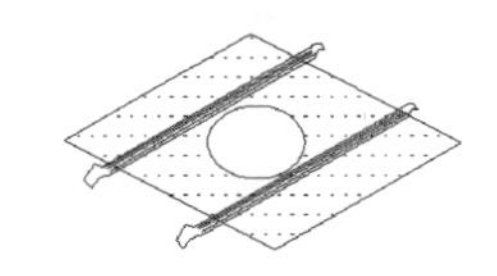
2.将安装支架固定在天花板上

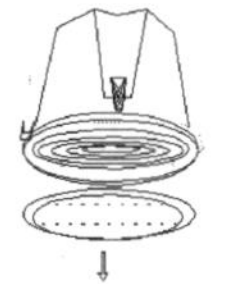
3.卸下扬声器网罩

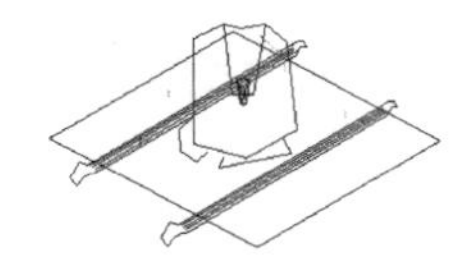
4.将吸顶扬声器装入支架中

5.装好扬声器

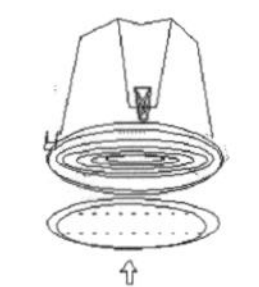
6.装上扬声器网罩

工艺说明：

拆下安装位置处天花板，根据扬声器直径大小用开孔器在天花板上开出合适的孔；

将扬声器安装支架固定在天花板背面；

卸下扬声器并将其装入支架中固定好；

将装有扬声器的天花板装入原位置，并端接好扬声器线缆；

装上扬声器网罩即可。

第七节 会议系统

1. 显示部分

010701 正投投影机安装

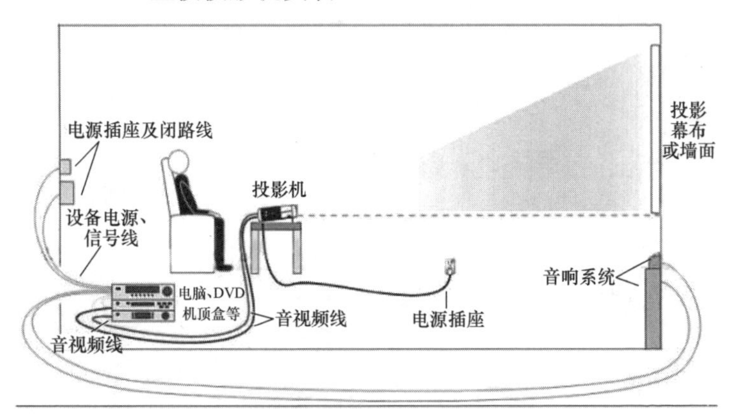

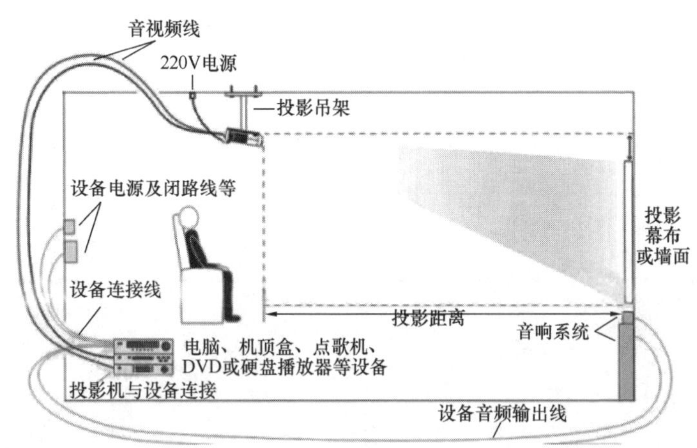

工艺说明：

在吊顶安装时，投影机的高度要一般在1.7m以上。

010702　吊顶投影机安装

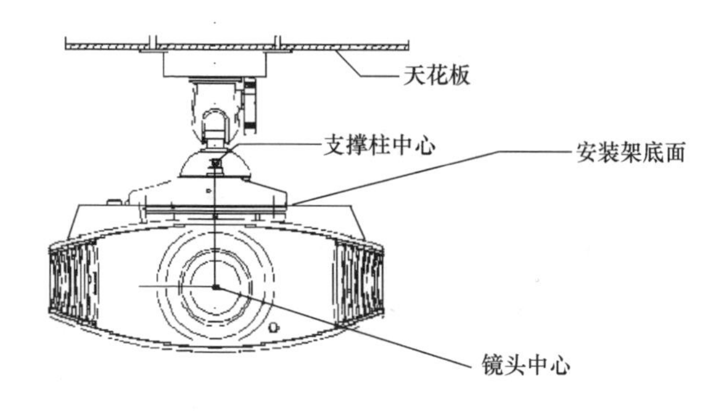

工艺说明：

吊顶正投安装示意图如下：

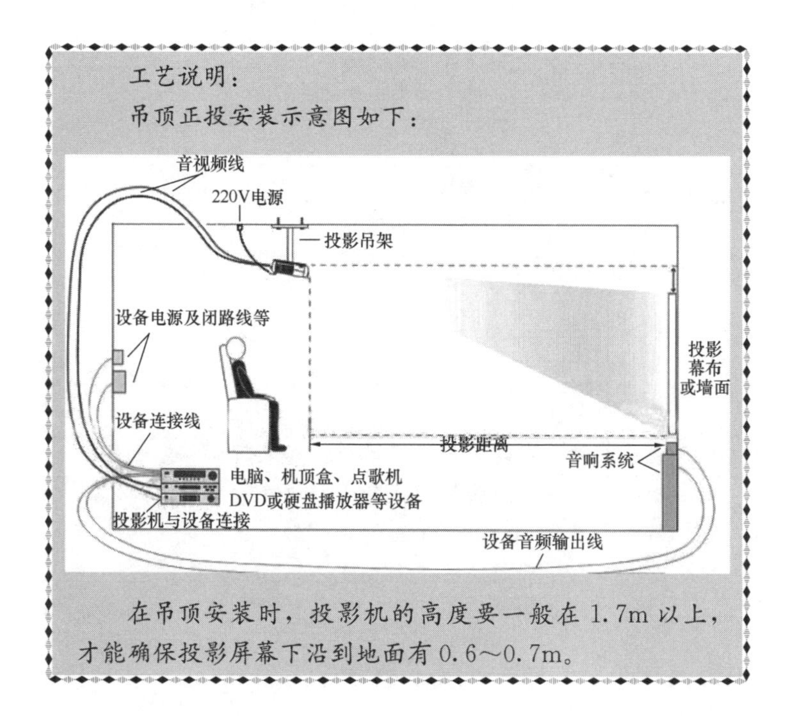

在吊顶安装时，投影机的高度要一般在 1.7m 以上，才能确保投影屏幕下沿到地面有 0.6～0.7m。

010703 投影机电动架吊装

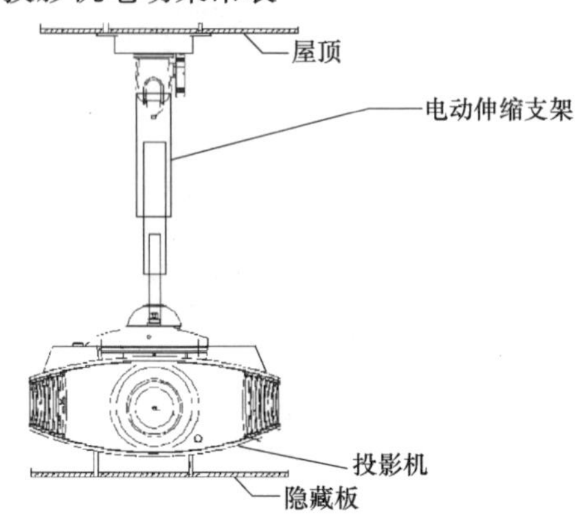

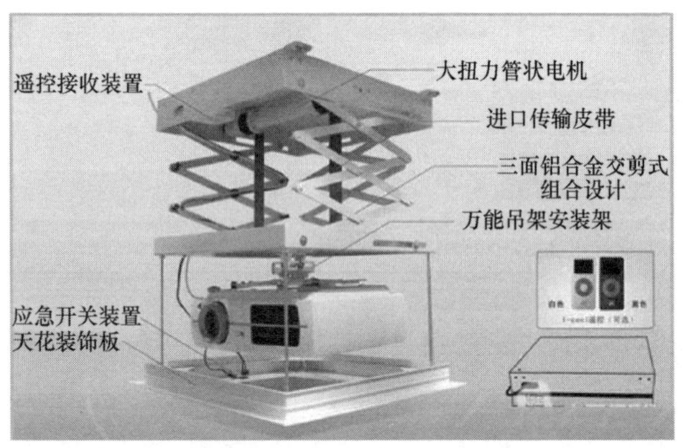

工艺说明：

将吊架紧固在建筑物的楼板上。安装时，首先选好位置，根据投影机所处的位置确定吊架所处的方向，必须准确定好四个螺丝孔的位置才给膨胀螺钉打孔；供电电源应设有双闸刀电源开关，并装有 4A 的熔断管，电源线和控制线应用横截面积不小 $1.5mm^2$ 的铜芯线。接地电阻不能大于 4Ω。

010704　投影机电动架天花板内安装

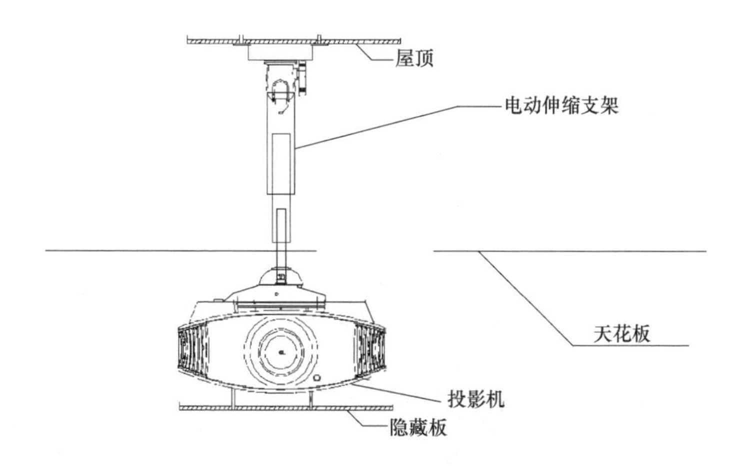

工艺说明：

(1) 水泥天花与假天花的净空高必须大于：吊架机身高度＋接口盘高度＋万向头高度＋投影机实际厚度，特殊情况除外；

(2) 建议天花开口：480mm×480mm（视投影机大小而定）；必须预留维修口，建议在离吊架 100～200mm，开口：400mm×550mm；

(3) 把吊架紧固在建筑物的楼板上；

(4) 安装时，首先选好位置，根据投影机所处的位置确定吊架所处的方向，必须准确定好四个螺丝孔的位置才给膨胀螺钉打孔；供电电源应设有双闸刀电源开关，并装有 4A 的熔断管，电源线和控制线应用横截面积不小 $1.5mm^2$ 的铜芯线。接地电阻不能大于 4Ω。

010705　壁挂式显示器安装

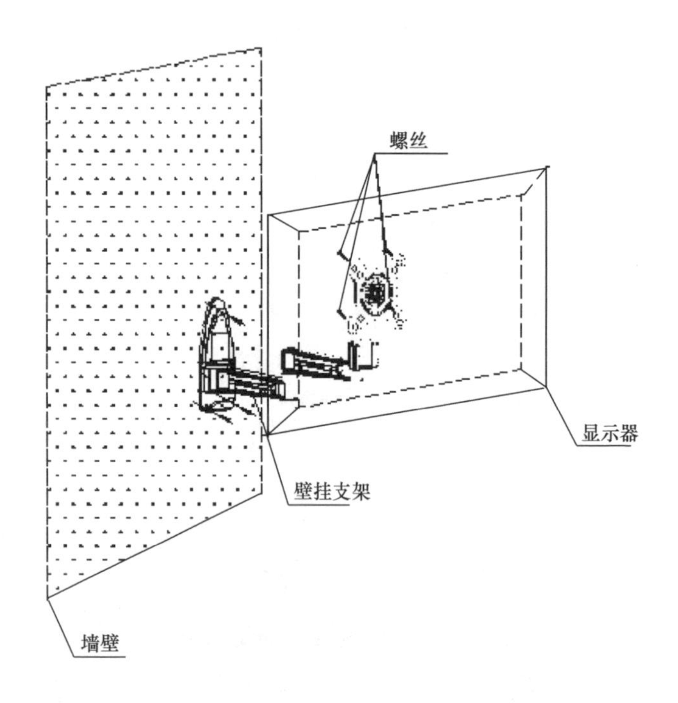

工艺说明：

适用于 $10m^2$ 以下的显示屏，屏体总重量小于 50kg 的显示屏，可直接挂在承重墙上。墙体要求是实墙体或悬挂处有混凝土梁。空心砖或简易隔挡均不适此安装方法。

旋转支架挂装，适用于重量大于 50kg，屏体高度和宽度均大于 1200mm 的显示屏，必须安装在承重墙上。

010706　吊装式显示器安装

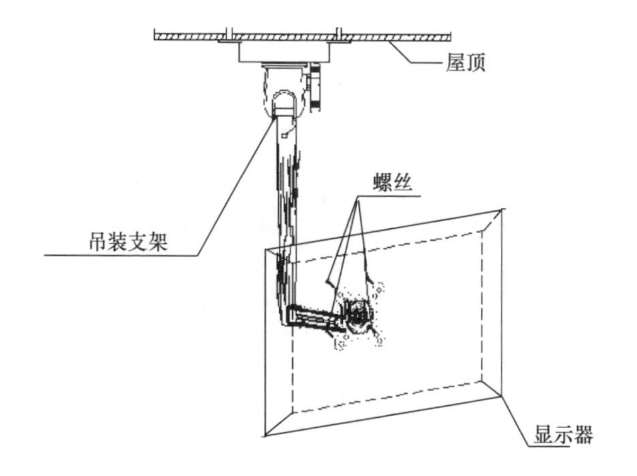

工艺说明：

户外显示屏用于吊装的比较少，最常见的是用于门店门口的门楣显示屏。适用与 10m^2 以下的显示屏，此安装方式必须要有适合安装的地点，如上方有横梁或过梁处。且屏体一般需要加后盖。

010707　镶嵌式显示器安装

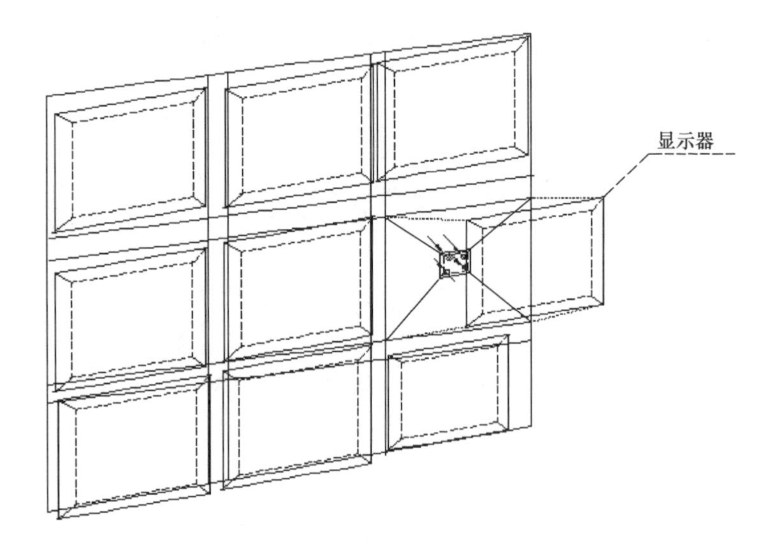

工艺说明：

镶装式结构是在墙体上开洞或者提前做好钢构电视墙架，将显示屏镶在其内，要求洞口尺寸与显示屏外框尺寸相符。

010708　融合器安装

工艺说明：

（1）将融合器水平的固定在机柜内；

（2）连接电源线和接地线；

（3）按照使用要求连接信号线；

（4）调试融合器参数至最佳即可。

010709 AV 矩阵安装

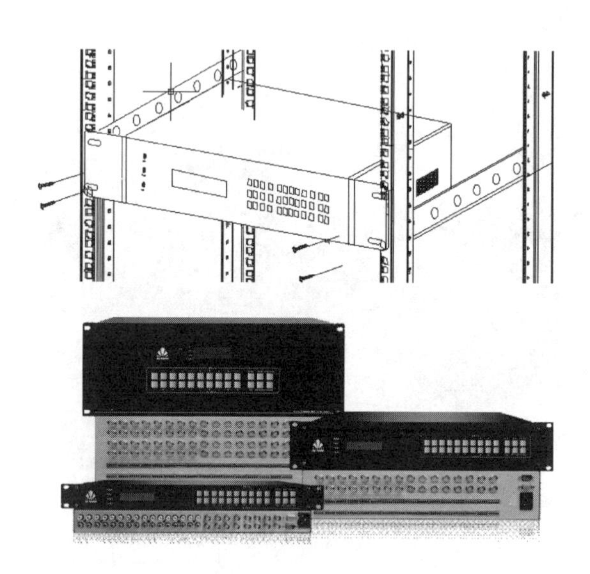

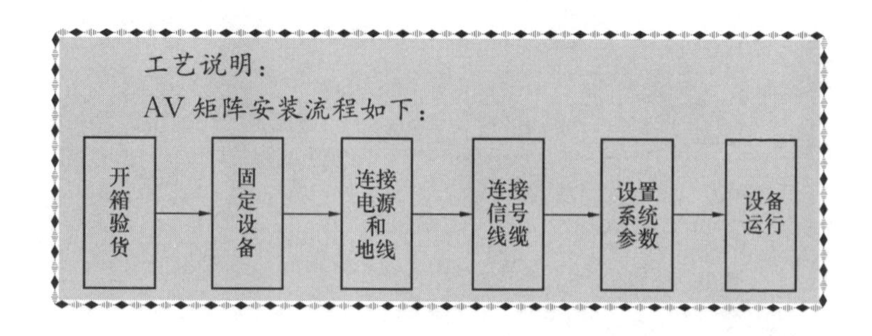

010710　VGA/HDMI 矩阵安装

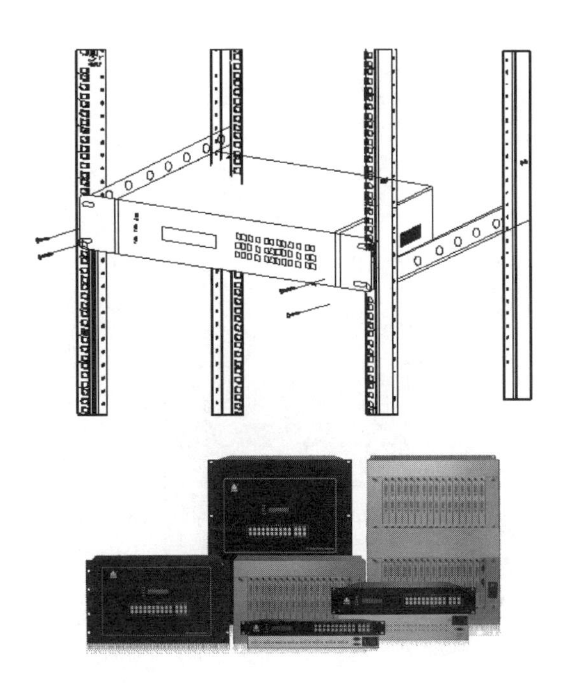

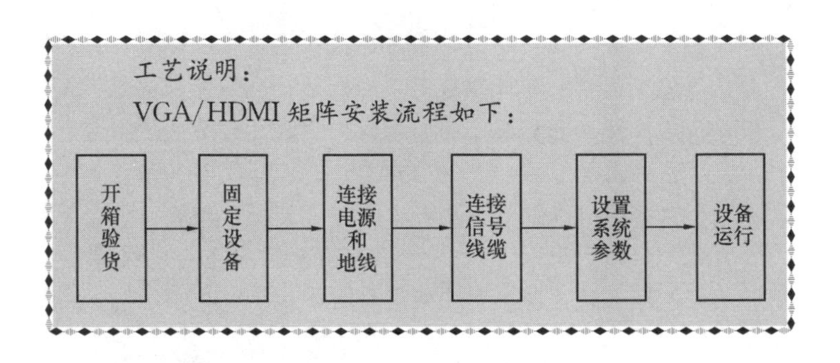

010711 拼接屏安装

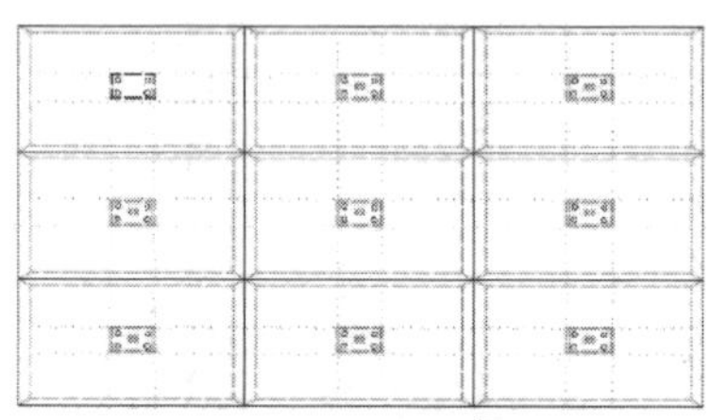

工艺说明：

（1）机架安装：安装时先将底座从左边第一组到右连接，再安装上组机柜从左边第一组到右连接，而后安装面框，最后连接固定屏单元的铝型材配件，每列固定2条。

（2）挂壁结构安装：确定安装固定孔位置，无尘打孔，固定安装架并调试方向和水平，安装拼接大屏。

（3）组装拼接屏单元：拼接屏单元由液晶屏、机芯、固定架组成，拼接屏单元安装到机柜（机架）即可。

010712　电子白板安装

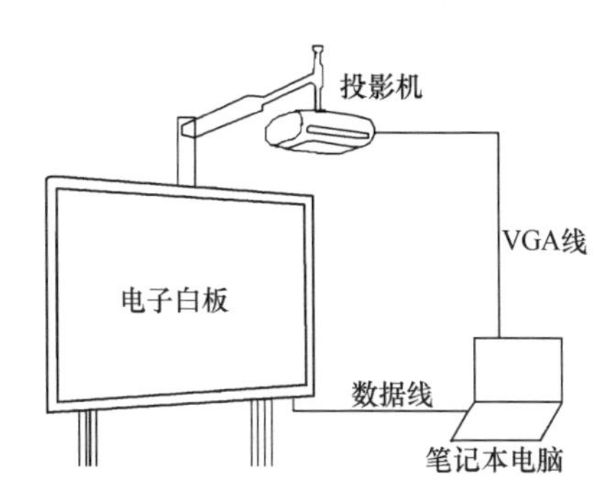

工艺说明：

（1）固定安装

1）挂墙式：使用钢钉、膨胀螺栓将白板挂在墙面上。

2）离墙悬挂式：如果墙面为金属或磁性材料，则电子白板必须与墙面保持10cm的距离。

（2）移动安装

1）移动的动力方式：①电动推拉安装时需要将白板接口移至白板后面。②手动推拉安装时需要将白板接口移至白板后面，白板左右两端需加装缓冲垫。

2）电子白板升降式：

① 电动升降：安装时需要将白板接口移至白板上端。

② 机械式升降：安装时需要将白板接口移至白板上端或白板后面。白板下端加装缓冲垫。

010713　视频展示台安装

工艺说明：

(1) 把展示台附带的12VDC适配器的DC接头接展示台的电源插座，三端电源头子接市电的220V/50Hz的电源插座，其他设备根据各自说明书正确连接电源；

(2) 把DVD的视频、左、右声道输出分别接到展示台视频输入（V1）和左（L1）、右（R1）声道；

(3) 把录像机的视频、左、右声道输出分别接到展示台视频输入（V2）和左（L2）、右（R2）声道；

(4) 把功放的左右声道输出端分别接到左右音箱；

(5) 把计算机的VGA输出接到展示台的VGA1或VGA2；

(6) 把展示台的VGA OUT2接到投影机或者显示器的VGA输入；VGA OUT1与计算机1的VGA输入直连；

(7) 把展示台的VIDEO接到投影机的视频输入；

(8) 把接线检查一遍，如无误，可接通各设备的电源。

010714　摇头灯安装

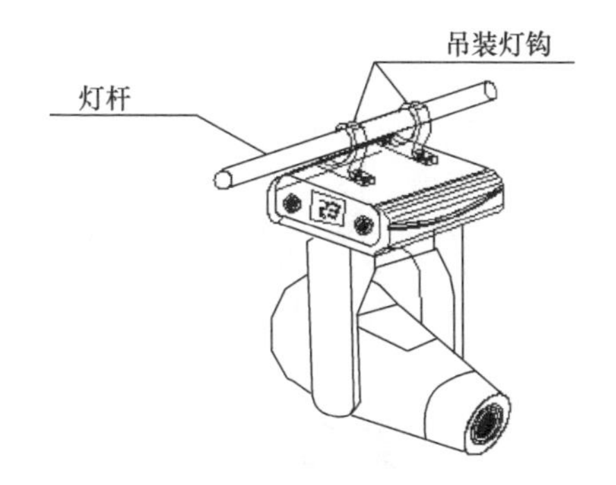

工艺说明：

反转吊挂安装时，使用 2 套袋 M10 螺轮的专业大挂钩，旋进在电脑灯低板上的吊挂螺丝孔内，必要确保灯具不要再支撑架上跌落下来，用安全绳穿过支撑架和灯具提手，防止灯具垫滑动。

灯具在进行安装定位时，灯具表面上任何一点与任何易然材料的最小距离为 0.5m。

灯具与接地的供电系统连接，并且灯具的地线必须与供电系统的地线接通，灯具金属外壳的地线标志端口要与安装灯架稳妥相连。

010715　LED帕灯安装

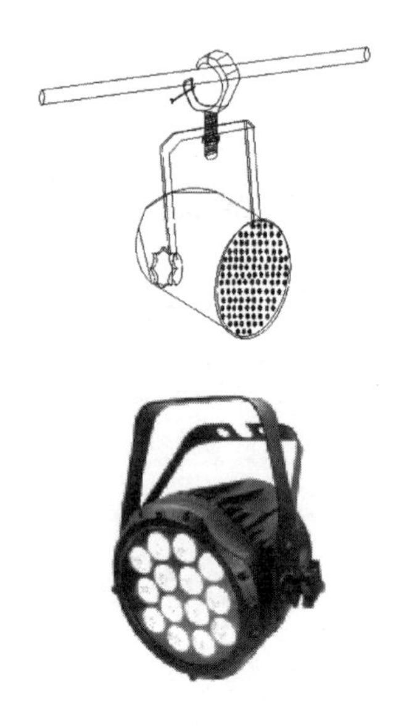

工艺说明：

(1) 本灯安装在光与人或其他人的距离应超过100cm，还请确保光线锁定的，应作出足够的安全防范措施。

(2) Make一定的电压和频率为适应电源，并连接在正确的灯光，然后将其打开。

010716　三基色安装

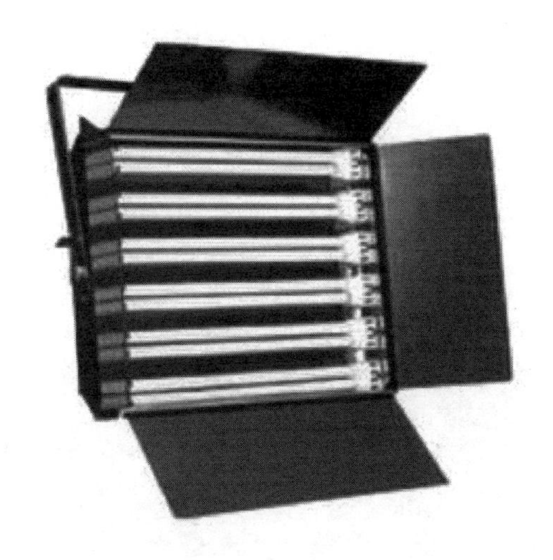

工艺说明：

在反转吊挂安装时，使用2套袋M10螺栓的专业大挂钩，旋进三基色冷光灯的灯低板上的吊挂螺丝孔内，必须确保灯具不要再支撑架上跌落下来，用安全绳穿过支撑架和灯具提手，防止灯具垫滑动。

灯具在进行安装定位时，灯具表面上任何一点与任何易燃材料的最小距离为0.5m。

蓝激光的安装方式同此。

2. 会议发言系统

010717　会议系统主机安装

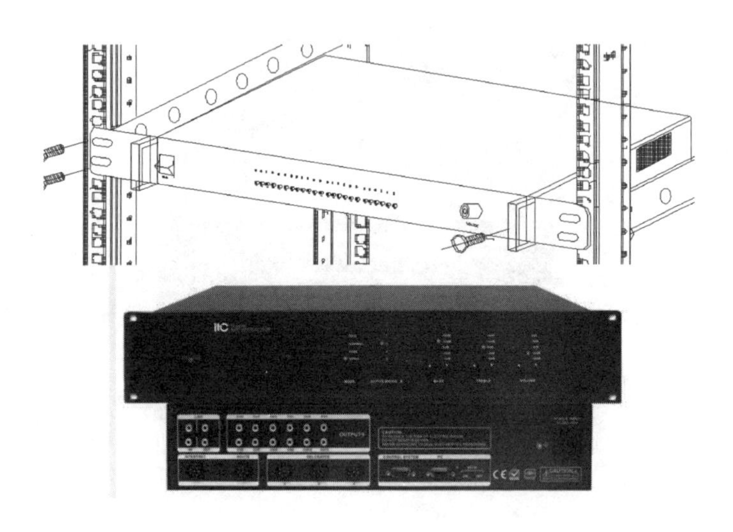

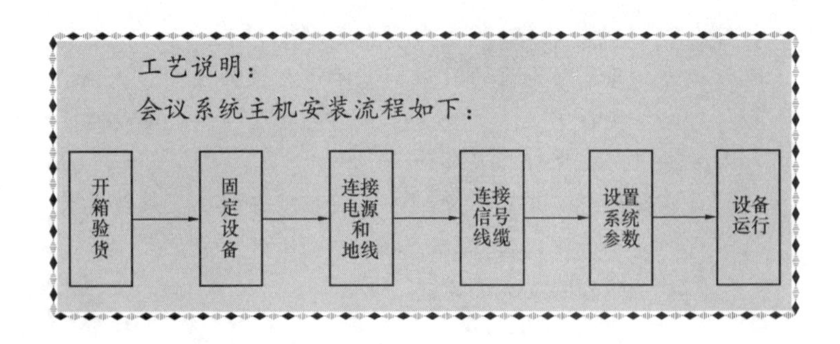

010718　移动式主席单元安装

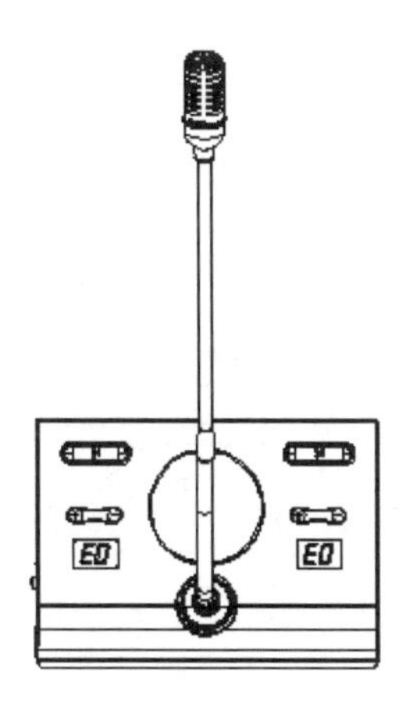

工艺说明：

首先将移动式主席单元平稳地放置于主席台之上，然后用连接线将主席单元连至调音台或者其他声音处理设备。

010719 移动式代表单元安装

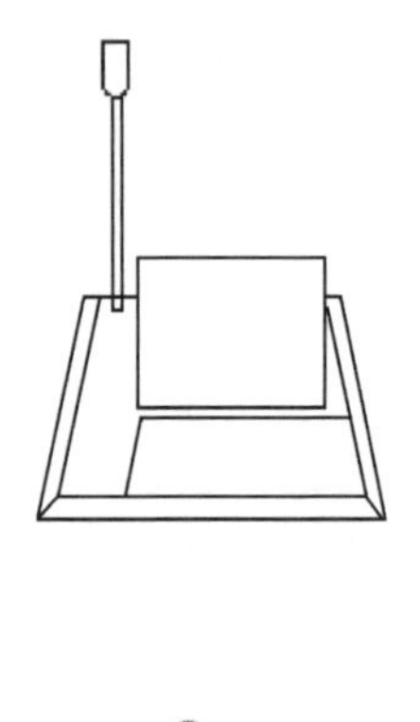

工艺说明：

首先将代表单元平稳地放置于会议桌之上，然后用连接线将代表单元连至会议系统主机或者其他声音处理设备。

3. 中控部分

010720　控制主机安装

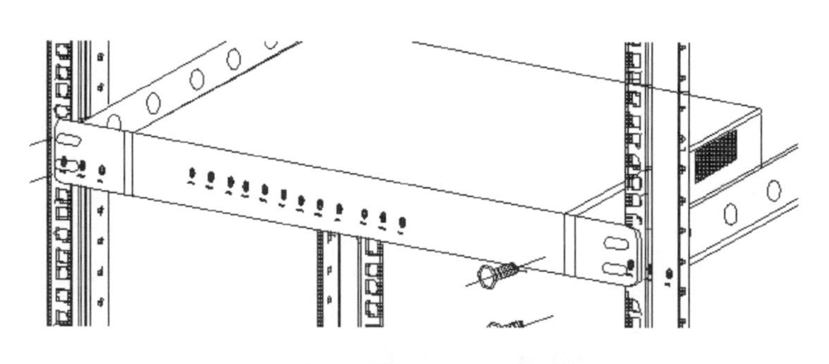

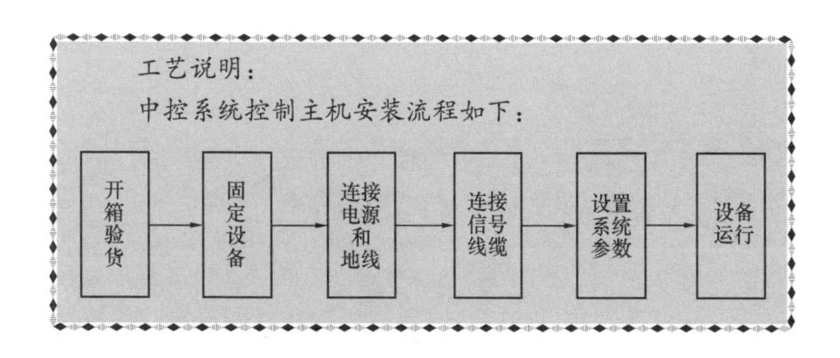

010721 监视器桌面安装

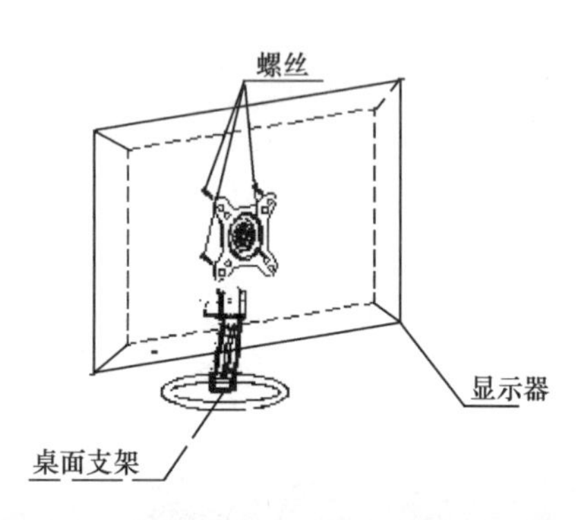

工艺说明：

底座与支架按正确的方法组装好；

将显示器装入支架之上，调整显示器角度；

连接显示器电源以及信号线缆。

010722 监视器壁挂安装

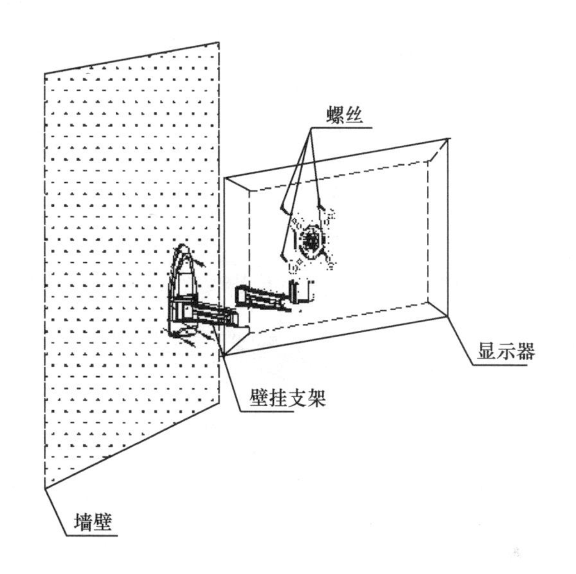

工艺说明：

适用于 $10m^2$ 以下的显示屏，屏体总重量小于 50kg 的显示屏，可直接挂在承重墙上，无需留维修空间。墙体要求是实墙体或悬挂处有混凝土梁。空心砖或简易隔挡均不适此安装方法。

旋转支架挂装：适用于重量大于 50kg，屏体高度和宽度均大于 1200mm 的显示屏，必须安装在承重墙上。

010723 监视器吊顶安装

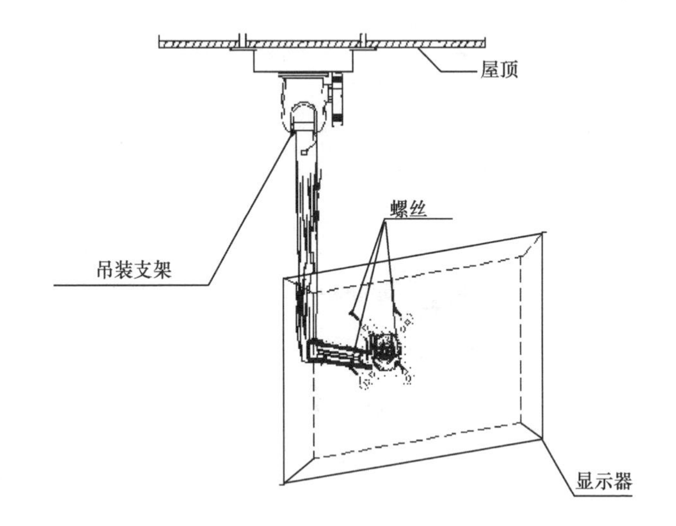

工艺说明：

适用于 $10m^2$ 以下的显示屏，此安装方式必须要有适合安装的地点，如上方有横梁或过梁处。且屏体一般需要加后盖。

室内承重混凝土顶可采用标准吊件，吊杆长度视现场情况而定。

010724　监视器幕墙镶嵌式安装

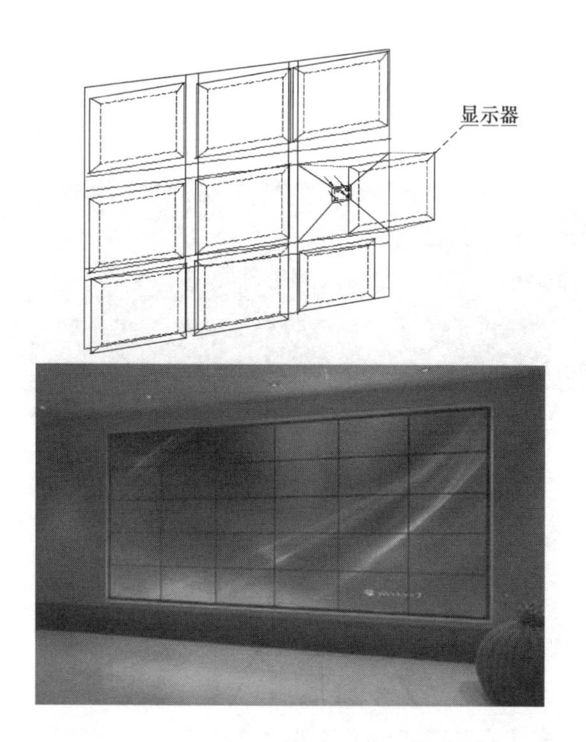

工艺说明：

镶装式结构是在墙体上开洞或者提前做好钢构电视墙架，将显示屏镶在其内，要求洞口尺寸与显示屏外框尺寸相符，为便于维修墙体上的洞口必须是贯通的。

010725　音视频处理器安装

工艺说明：

首先是用处理器连接系统，先确定好哪个输出通道用来控制全频音箱，哪个输出通道用来控制超低音音箱；

接好线了，就首先进入处理器的编辑（EDIT）界面来进行设置；

根据音箱的技术特性或实际要求来对音箱的工作频段进行设置，也就是设置分频点。然后是分频斜率的选择，一般选 24dB/oct 即可。

第八节　室内移动通信覆盖系统

1. 干线放大器及延长放大器

010801　干线放大器安装

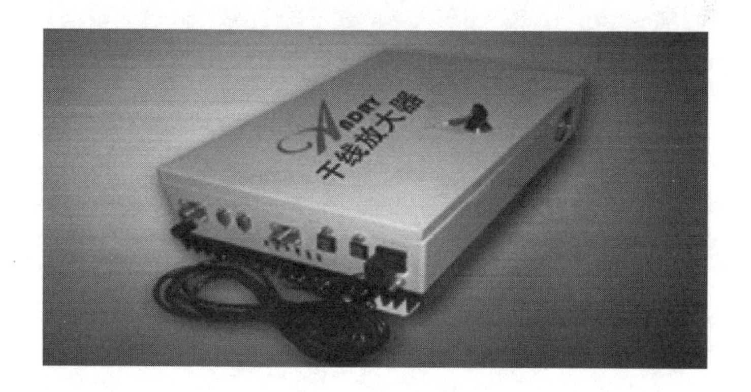

工艺说明：

机架式托板的安装与机柜内机架式设备安装方式相同，安装好托板后，将设备安装在托板上。

010802 延长放大器安装

工艺说明：
可在桌面或平台上直接摆放。

2. 无源设备

010803　电功分器安装

工艺说明：

电功分器可在小的弱电箱内安装，弱电箱安装方式与“010118 壁龛的安装”相同。电耦合器的安装方式同此。

010804　光分路器安装

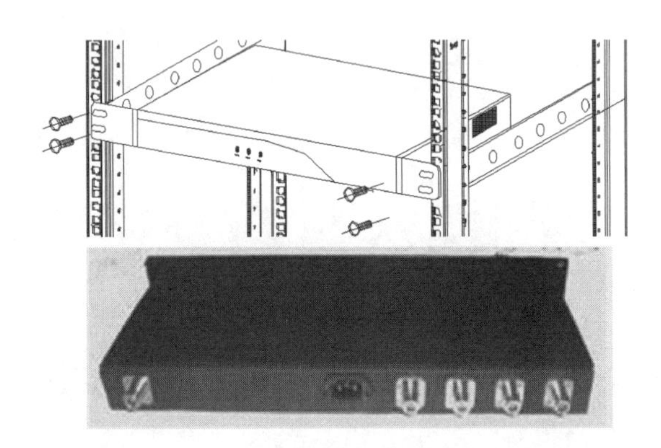

工艺说明：

（1）安装光分路器到机柜/机架

1）安装挂耳到光分路器；2）将挂耳的长边贴近光分路器，挂耳的安装孔与光分路器侧面的挂耳安装孔对齐；3）使用 M4 螺钉（两边各安装 3 个）将挂耳安装到光分路器的两边，顺时针拧紧。

（2）安装光分路器到工作台

安装胶垫贴到光分路器，小心地将光分路器倒置，在光分路器底部圆形压印区域安装 4 个胶垫贴，放置光分路器到工作台，将光分路器正置并平稳放置到工作台上，光分路器安装到工作台后用户可选择使用防盗锁将光分路器固定在工作台上。

（3）为光分路器连接接地线缆

010805　光合路器安装

工艺说明：

安装方式为机架式安装。

（1）安装挂耳到光合路器；

（2）将挂耳的长边贴近光合路器，挂耳的安装孔与光合路器侧面的挂耳安装孔对齐；

（3）使用 M4 螺钉（两边各安装 3 个）将挂耳安装到光合路器的两边，顺时针拧紧。

3. 天线

010806　室外天线安装

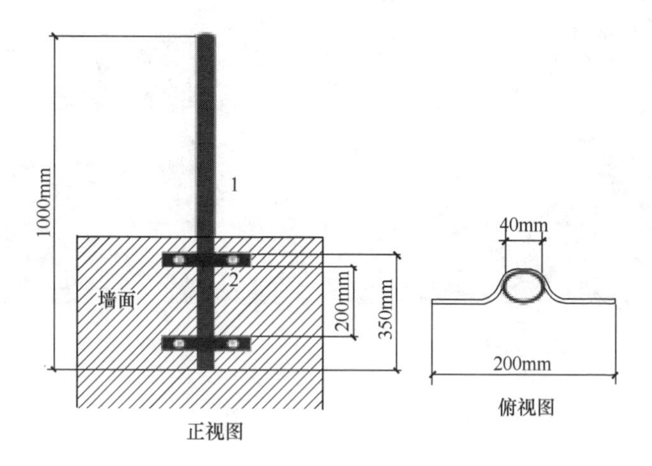

工艺说明：

房顶侧固定支架用于天线在房顶侧墙上的安装，使用膨胀螺钉固定于侧墙。通常支架长度为1000mm，墙体内部分应占总长度1/3以上。此支架不适用于强风地区。

010807　室内定向天线安装

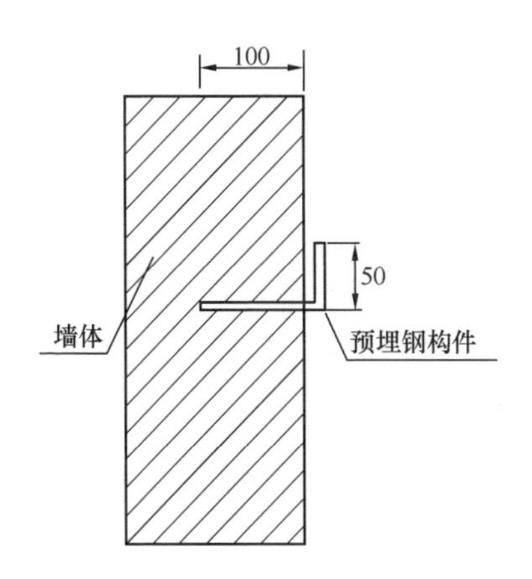

工艺说明：

熟悉图纸，结合现场土建施工现状，了解室内定向天线安装的位置和高度等。

用钢卷尺、墨斗、粉笔或油漆等工具在现场进行预埋件位置确定。

核对预埋件相对位置是否正确。

预埋件必须做好防雷连接，严格按照设计图纸要求施工，做到连接可靠。

复核安装位置，复核无误后，将预埋件加固，焊接牢固。

最后将定向天线安装在预埋构件上。

010808 室内全向吸顶天线安装

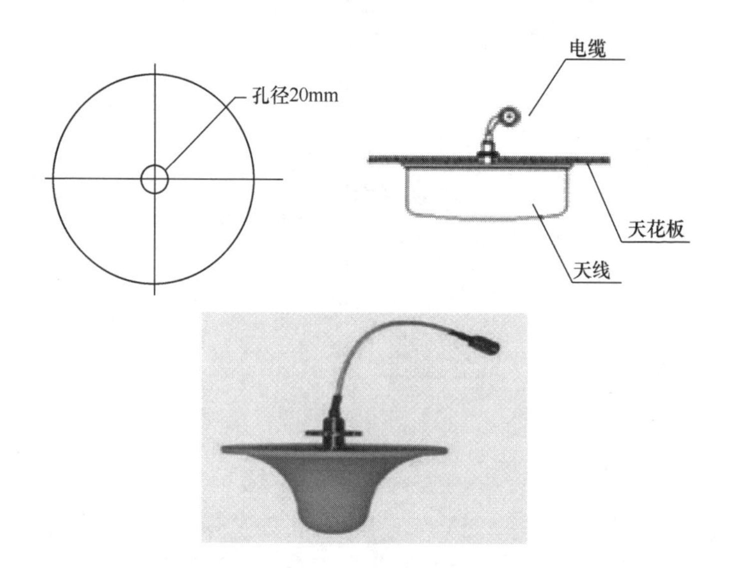

工艺说明：

（1）天线安装钻孔：天花板上需要开1个圆孔用于固定天线，中间孔径为20mm（最大25mm）。

（2）吸顶天线固定：在天花板上钻孔之后，将天线固定到天花板上。注：室内吸顶天线必须牢固地安装建筑物天花板下。

（3）连接线缆：将天线的线缆连接到AP上。

010809　馈线安装

工艺说明：

(1) 馈线布放不得交叉，要求整齐、平直，弯曲度一致。

(2) 馈线由楼顶翻越外墙向下弯曲时，与墙角接触部分应有保护套管。

(3) 馈线最小弯曲半径应不小于馈线直径的 15 倍。

(4) 馈线无明显的折、拧现象，馈线无裸露铜皮。

(5) 馈线入室处要做好防水工作，避水弯底部要低于墙体进线孔。

(6) 敷设时需作适当余留，敷设完应做好标识；同一馈线应是整条线缆，禁止中间接头。

4. 光端机

010810 光远端机安装

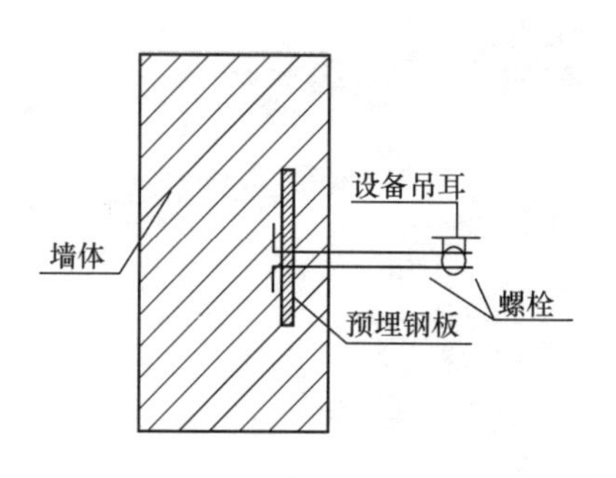

工艺说明：

安装螺栓并固定牢固。

将光远端机的四个吊耳安装在四个预埋的螺栓之间并调整水平。光远端机的安装方式同此。

010811　光近端机安装

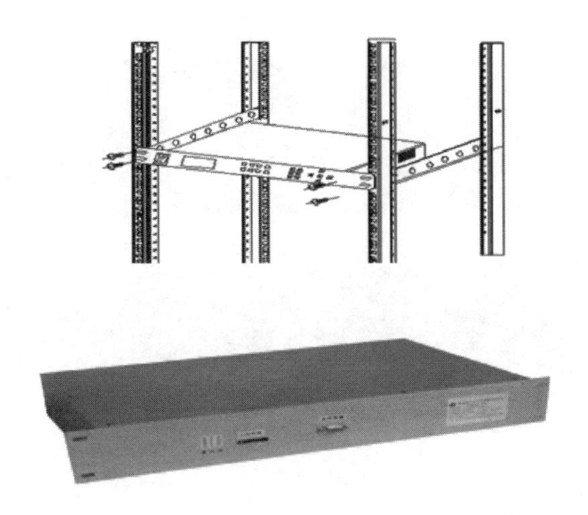

工艺说明：

安装方式为机架式安装。

(1) 安装挂耳到光近端机；

(2) 将挂耳的长边贴近光近端机，挂耳的安装孔与光近端机侧面的挂耳安装孔对齐；

(3) 使用M4螺钉（两边各安装3个）将挂耳安装到光近端机的两边，顺时针拧紧。

第九节　VAST 卫星通信系统

1. 主站

010901　卫星接收服务器安装

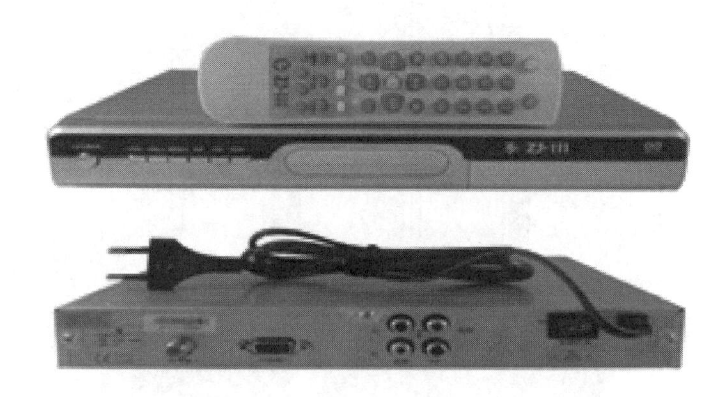

工艺说明：

（1）安装卫星接收服务器到机柜/机架。

1）安装挂耳到卫星接收服务器。2）将挂耳的长边贴近卫星接收服务器。3）将挂耳安装到卫星接收服务器的两边。

（2）安装浮动螺母到机柜的方孔条。

（3）安装卫星接收服务器到工作台。

安装胶垫贴到卫星接收服务器，在卫星接收服务器底部圆形压印区域安装 4 个胶垫贴，放置卫星接收服务器到工作台，将卫星接收服务器正置并平稳放置到工作台上。

（4）为卫星接收服务器连接接地线缆。

（5）卫星转发器的安装方式同此。

2. 小站

010902　变频器安装

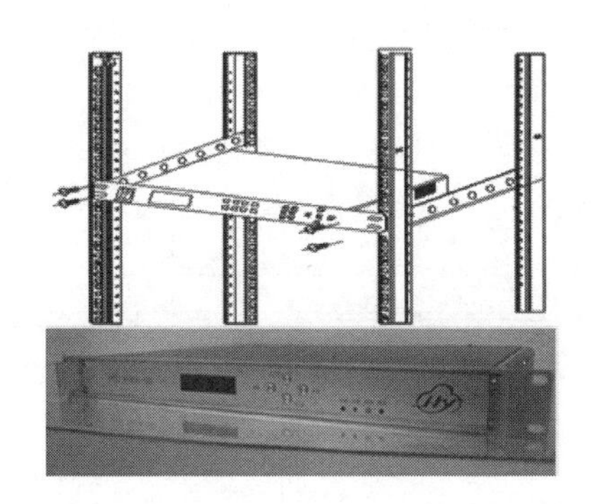

工艺说明：

(1) 安装变频器到机柜/机架。

1) 安装挂耳到变频器。2) 将挂耳的长边贴近变频器。3) 将挂耳安装到变频器的两边。

(2) 安装浮动螺母到机柜的方孔条。

(3) 安装变频器到工作台。

安装胶垫贴到变频器，在变频器底部圆形压印区域安装 4 个胶垫贴，放置变频器到工作台，将变频器正置并平稳放置到工作台上。

(4) 为变频器连接接地线缆。

(5) 调制器、解调器、编码器、译码器的安装方式同此。

第十节　客控系统

1. RCU

011001　RCU控制箱安装

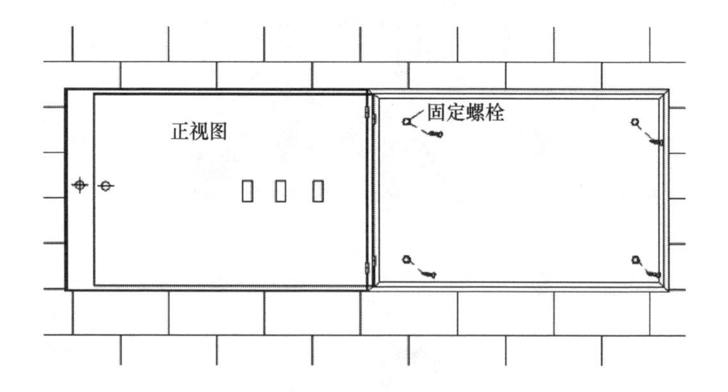

工艺说明：

壁挂式控制箱安装应不少于四个螺丝或膨胀螺栓固定。

当控制箱装于轻质墙上时，控制箱应固定在主龙骨或另设的专用支架上，严禁将控制箱固定在墙板上。

当控制箱体高在50cm以下时，其垂直度偏差不得大于1.5mm；当控制箱体高在50cm及以上时，其垂直度偏差不得大于3mm。

011002　电源模块安装

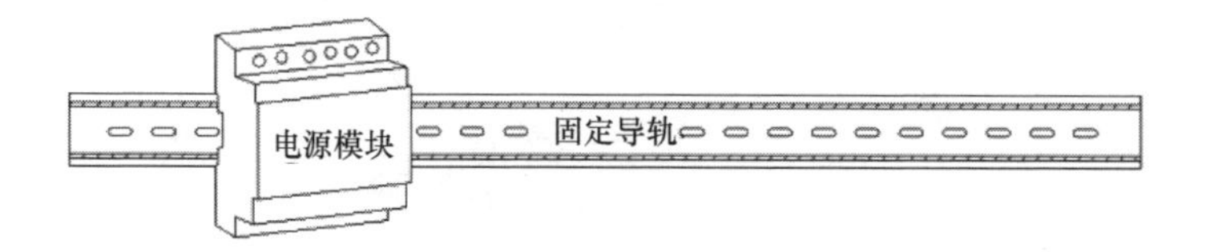

工艺说明：

（1）电源模块安装采用 DIN 35mm 标准导轨安装。

（2）在控制箱内安装 35mm 固定导轨后将电源模块扣压于导轨上。

011003　8路继电器模块安装

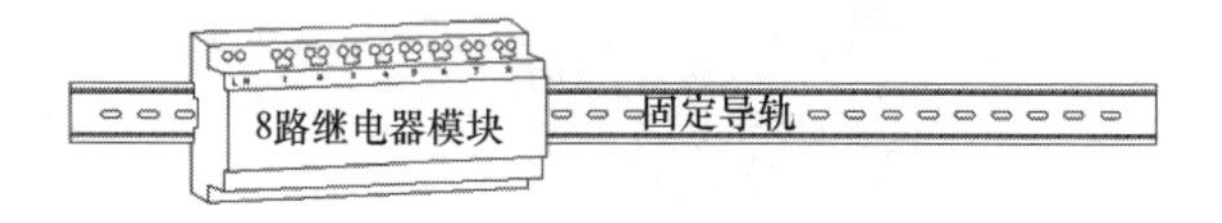

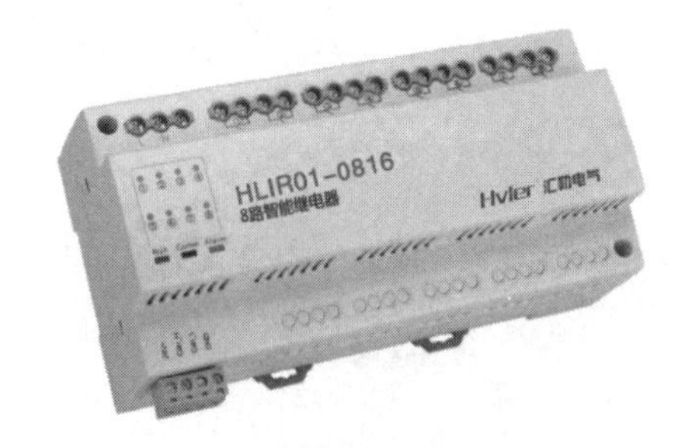

工艺说明：

(1) 8路继电器模块安装采用DIN 35mm标准导轨安装。

(2) 在控制箱内安装35mm固定导轨后将8路继电器模块扣压于导轨上。

011004　4路可控硅调光模块安装

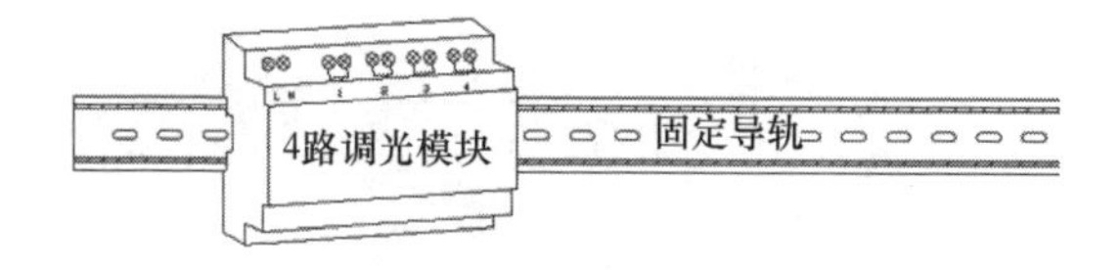

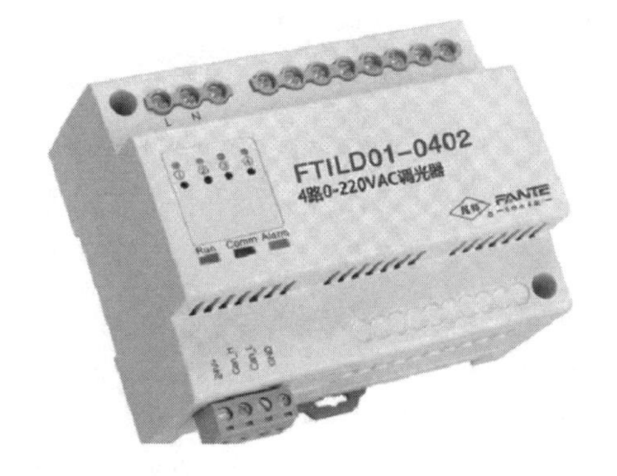

工艺说明：

(1) 4路可控硅调光模块安装采用DIN 35mm标准导轨安装。

(2) 在控制箱内安装35mm固定导轨后将4路可控硅调光模块扣压于导轨上。

011005 4/2管制空调控制模块安装

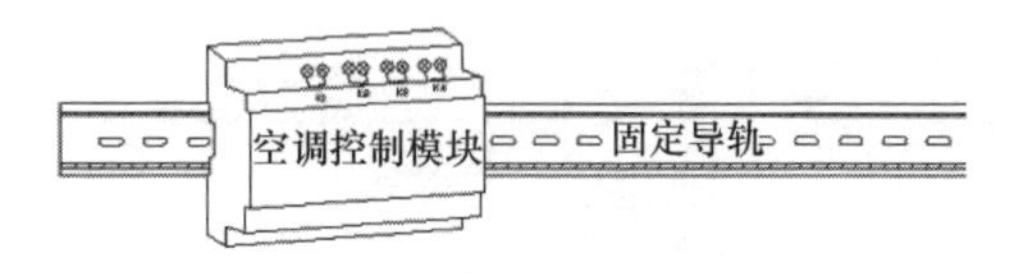

工艺说明：

（1）4/2管制空调控制模块安装采用DIN 35mm标准导轨安装。

（2）在控制箱内安装35mm固定导轨后将4/2管制空调控制模块扣压于导轨上。

011006　40进32出模块安装

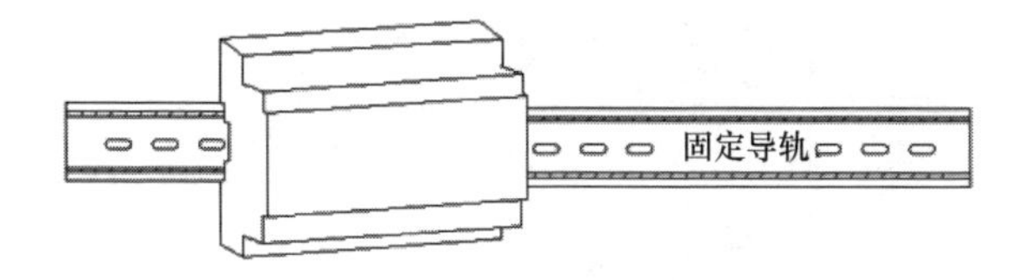

工艺说明：

(1) 40进32出模块安装采用DIN 35mm标准导轨安装。

(2) 在控制箱内安装35mm固定导轨后将40进32出模块安装扣压于导轨上。

011007　网络通信模块安装

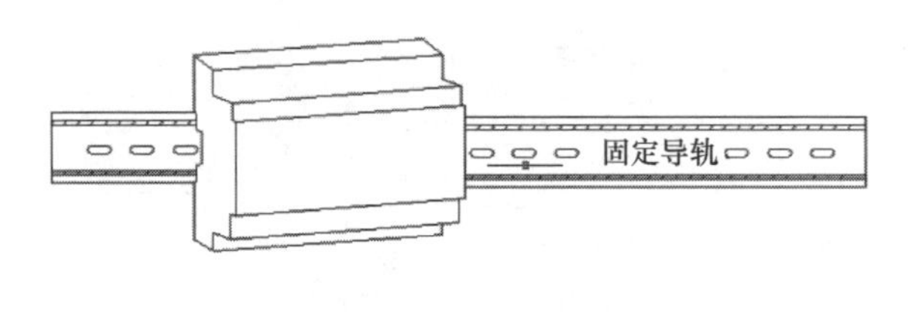

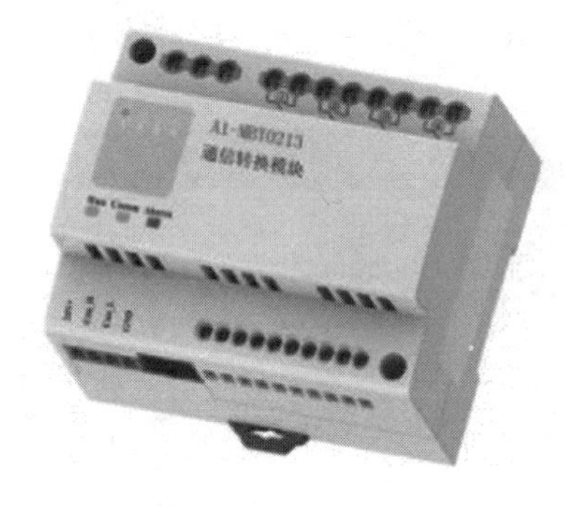

工艺说明：

（1）网络通信模块安装采用 DIN 35mm 标准导轨安装。

（2）在控制箱内安装 35mm 固定导轨后将网络通信模块安装扣压于导轨上。

011008　交流接触器安装

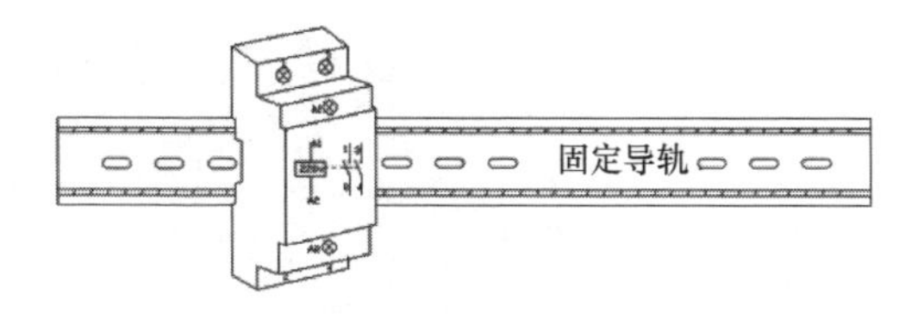

工艺说明：

（1）交流接触器安装采用 DIN 35mm 标准导轨安装。

（2）在控制箱内安装 35mm 固定导轨后将交流接触器安装扣压于导轨上。

2. 前端设备

011009 空调温控器安装

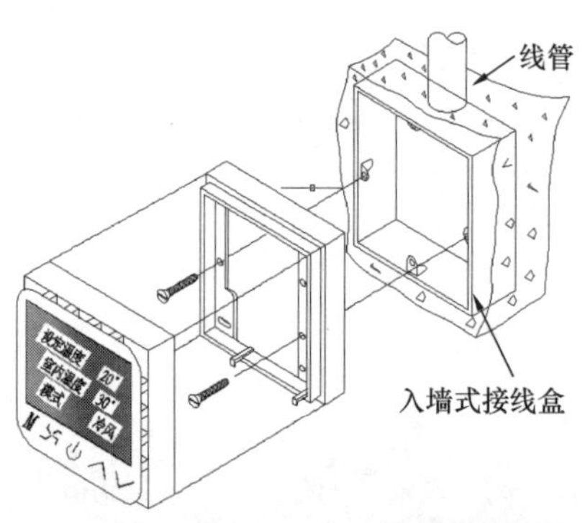

工艺说明：

(1) 预埋86型底盒，确保管线预埋完整、牢固。

(2) 将安装板用螺丝锁紧于86型底盒上。

(3) 前面板扣于安装板上，保持牢固。

011010　服务面板安装

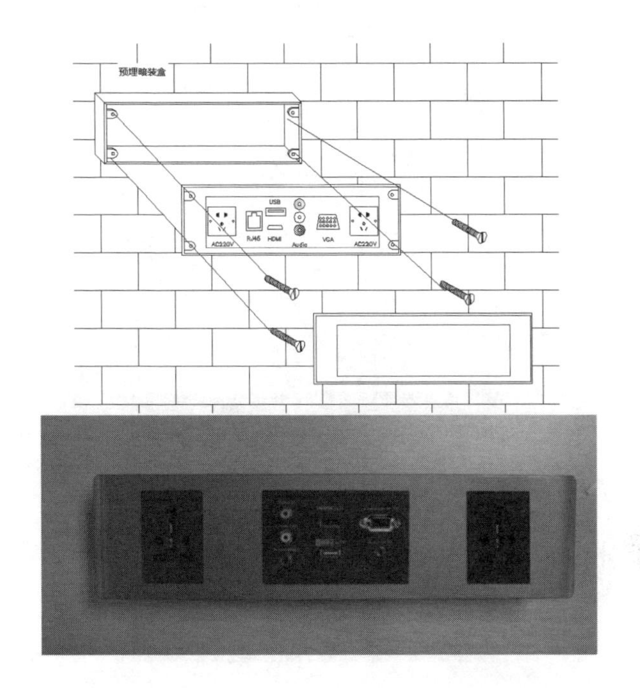

工艺说明：

（1）将安装板四角用螺丝锁紧于墙面底盒上。

（2）前面板扣于安装板上，保持牢固。

011011 紧急按钮安装

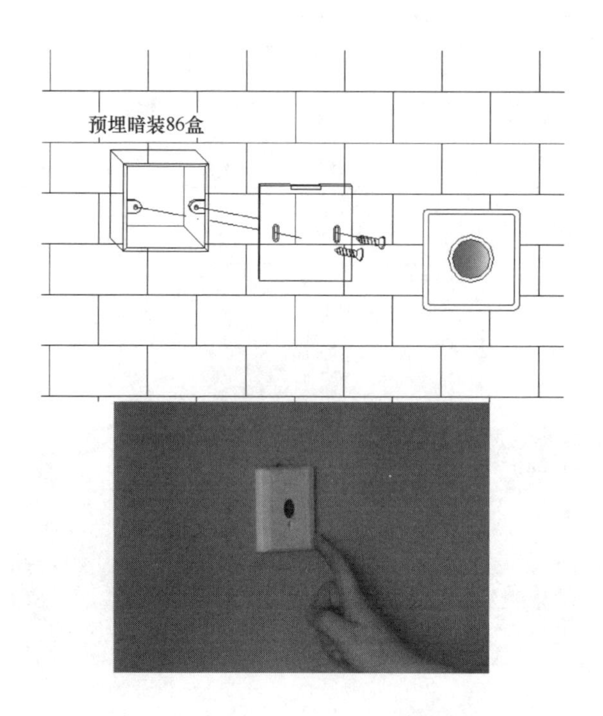

工艺说明：

(1) 预埋86型底盒，确保管线预埋完整、牢固。

(2) 将安装板用螺丝锁紧于86型底盒上。

(3) 前面板扣于安装板上，保持牢固。

011012 电动窗帘安装

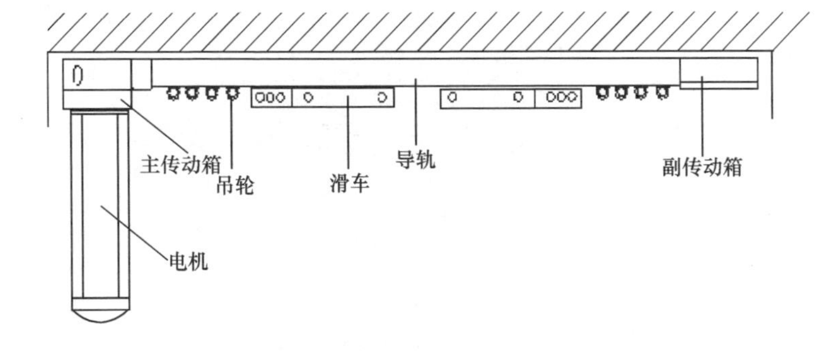

工艺说明：

(1) 画线定位，量好轨道尺寸；

(2) 电动窗帘电机安装吊装卡子；

(3) 电动窗帘电机接线；

(4) 电机与轨道联接。

011013　总控开关安装

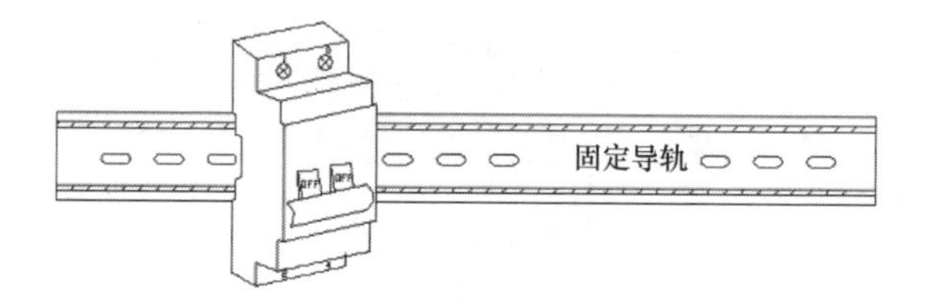

工艺说明：

(1) 总控开关安装采用 DIN 35mm 标准导轨安装。

(2) 在控制箱内安装 35mm 固定导轨后将总控开关安装扣压于导轨上。

011014 智能插卡器安装

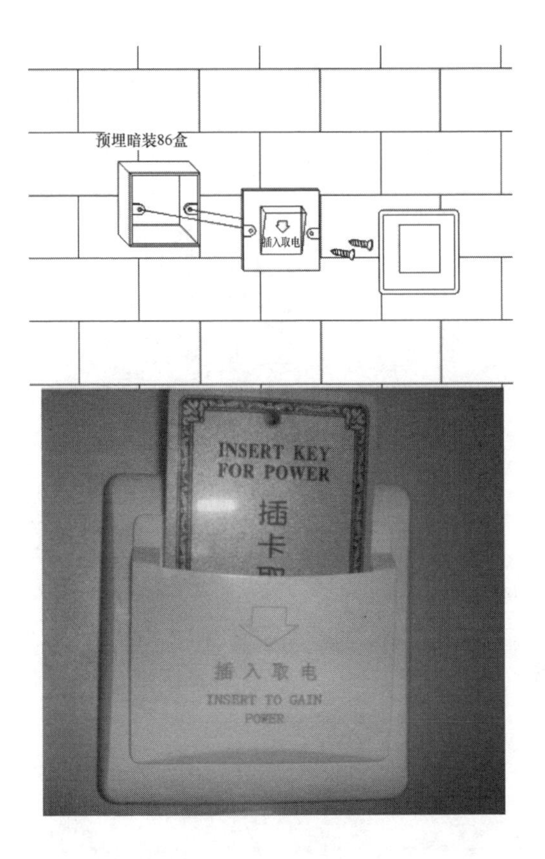

工艺说明：

(1) 预埋86型底盒，确保管线预埋完整、牢固。

(2) 将安装板用螺丝锁紧于86型底盒上。

(3) 前面板扣于安装板上，保持牢固。

011015 门铃安装

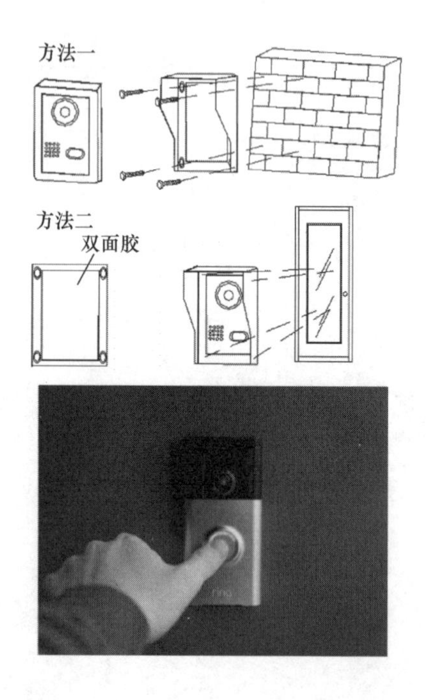

工艺说明：

首先要把喇叭放置在室内，然后插上电源，接着需要把绝缘体的塑料片抽出来；

其次把无线门铃的按键放在你的家门口，用双面胶或者螺丝给固定在墙面或者门上；

然后把电池装进去，最后要注意按键的选址一定要能避雨。

011016　门磁安装

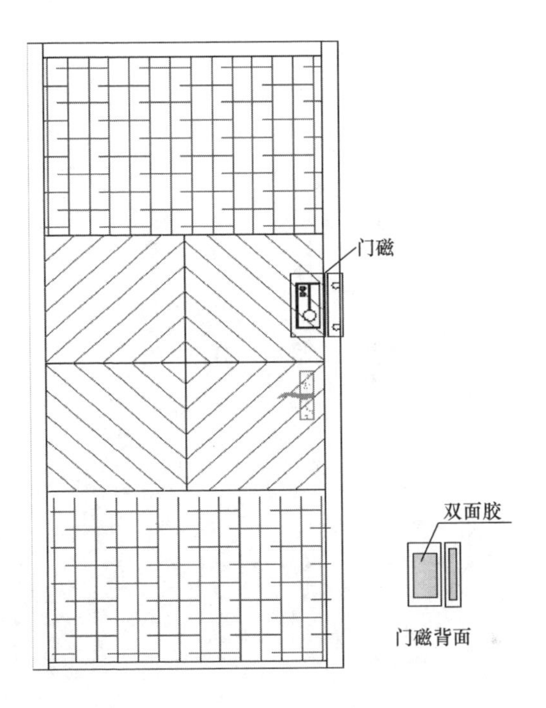

工艺说明：

(1) 无线发射模块和接收模块背面贴上双面胶。

(2) 将无线发射模块紧贴于门上（紧挨门框处），接收模块紧贴于门框处。

(3) 注意无线发射器和磁块相互对准，相互平行，间距不大于1.5cm。

第十一节　时钟系统

011101　中心母钟安装

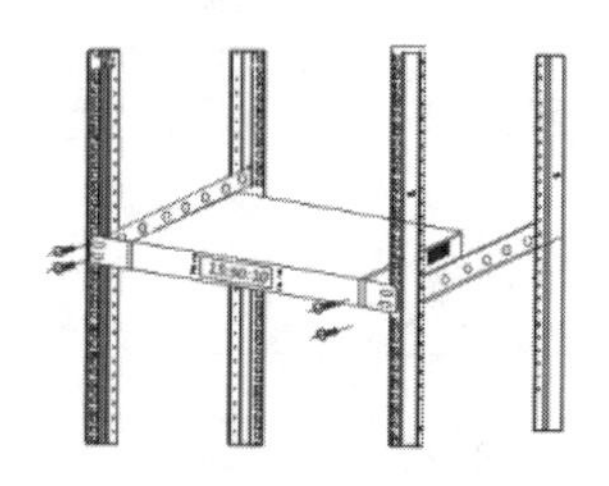

工艺说明：

(1) 安装中心母钟到机柜/机架。

1) 安装挂耳到母钟，母钟设备两侧各提供1处挂耳安装位置。2) 将挂耳的长边贴近母钟，挂耳的安装孔与母钟侧面的挂耳安装孔对齐。3) 使用M4螺钉（母钟两边各安装2个）将挂耳安装到母钟的两边，顺时针拧紧。

(2) 安装浮动螺母到机柜的方孔条。

根据规划好的母钟在机柜上的安装位置，确定浮动螺母在方孔条上的安装位置。用一字螺丝刀在机柜前方孔条上安装4个浮动螺母，左右各2个，挂耳上的固定孔对应着方孔条上间隔1个孔位的2个安装孔。保证左右对应的浮动螺母在一条水平线。

GPS接收机、NET网络时间服务器、多路输出接口箱的安装方式同此。

011102　指针式子钟安装

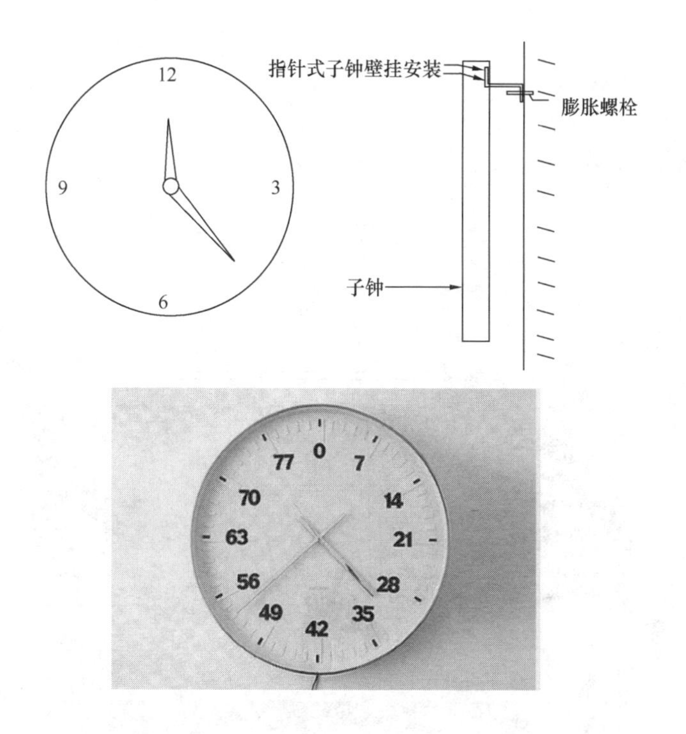

工艺说明：

（1）在墙上画出所需要固定子钟的位置。

（2）用冲击钻在墙面钻孔，再放进塑料胀塞，旋入螺钉紧固。

（3）将子钟挂于螺钉之上。

011103 数显式子钟安装

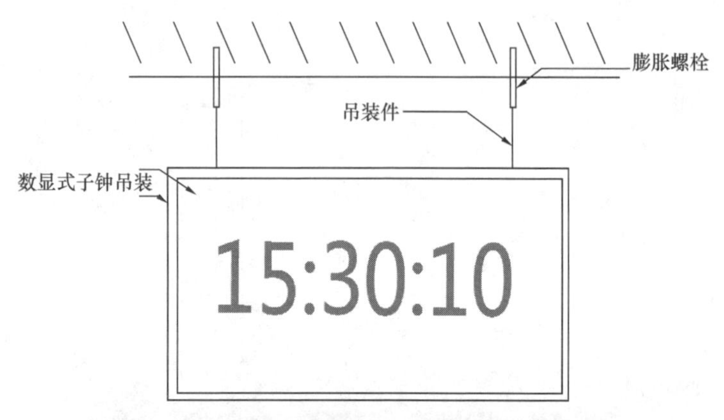

工艺说明：

（1）确定数显式子钟安装位置，用冲击钻于顶面开孔。

（2）放入膨胀螺栓，拧入丝杆，确保牢固。

（3）吊装数显式子钟。

011104　GPS 馈线安装

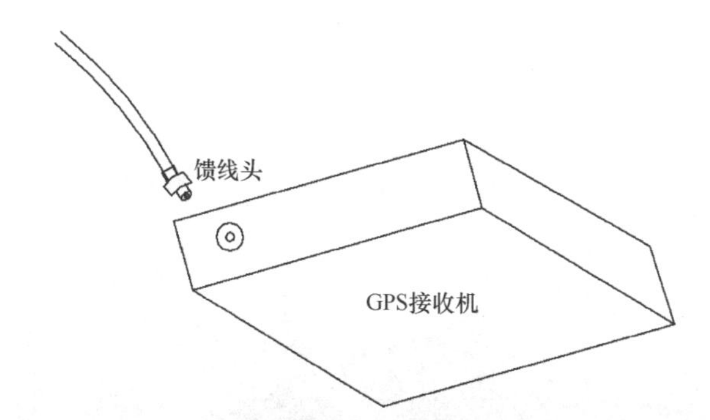

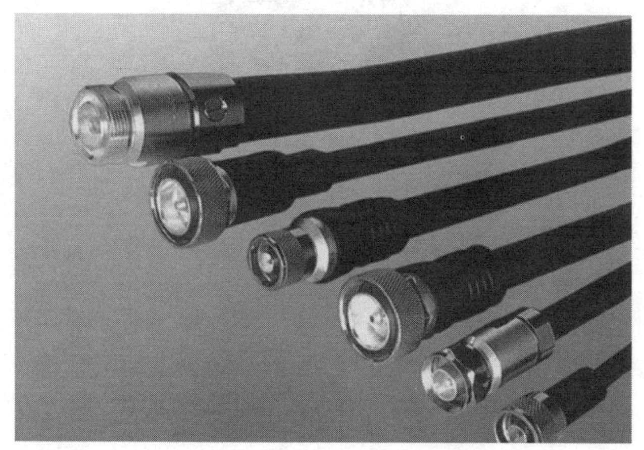

工艺说明：

(1) 紧固馈线和馈线头。

(2) 连接 GPS 接收机。

第十二节 电话交换系统

1. 主机设备

011201 交换机主机硬件安装

工艺说明：

把机框放入19英寸机架内，在机框边缘的4个凹槽位置卡上固定螺母。通信服务器的安装方式同此。

011202 数字中继接口板安装

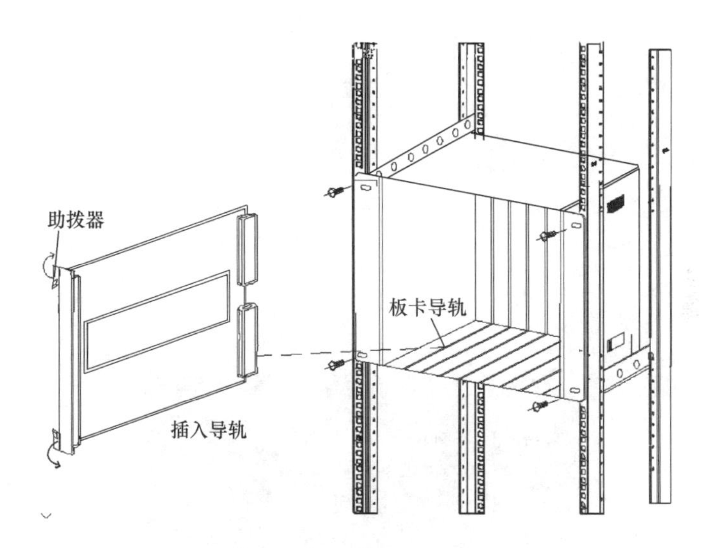

工艺说明：

（1）沿着主机框对应槽位的导轨把数字中继接口板插在机框通用槽位上。

（2）水平沿导轨按照图示方向推板卡，使板卡与母板上的连接器牢固连接。

（3）按照箭头方向扣下助拔器，将板卡固定在机框内。

（4）模拟用户接口板、模拟中继接口板、数字用户接口板的安装方式同此。

2. 其他设备

011203 多媒体话务台安装

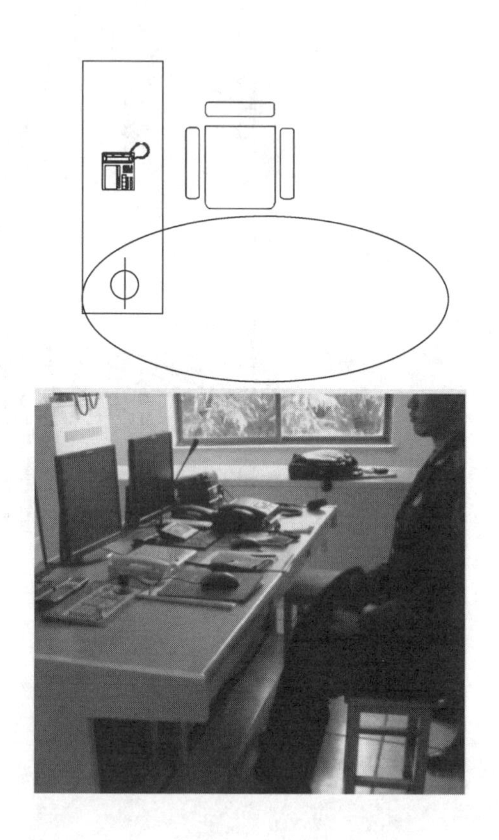

工艺说明：

话务台硬件安装，软件安装，驱动安装。

话务台软件设置，话务台运行设置用户名及密码登录。

011204　数字话机安装

工艺说明：

将手柄曲线一端水晶头插入手柄送话部下端的插口，另一端水晶头插入座机左侧插口。

011205 整流器组件安装

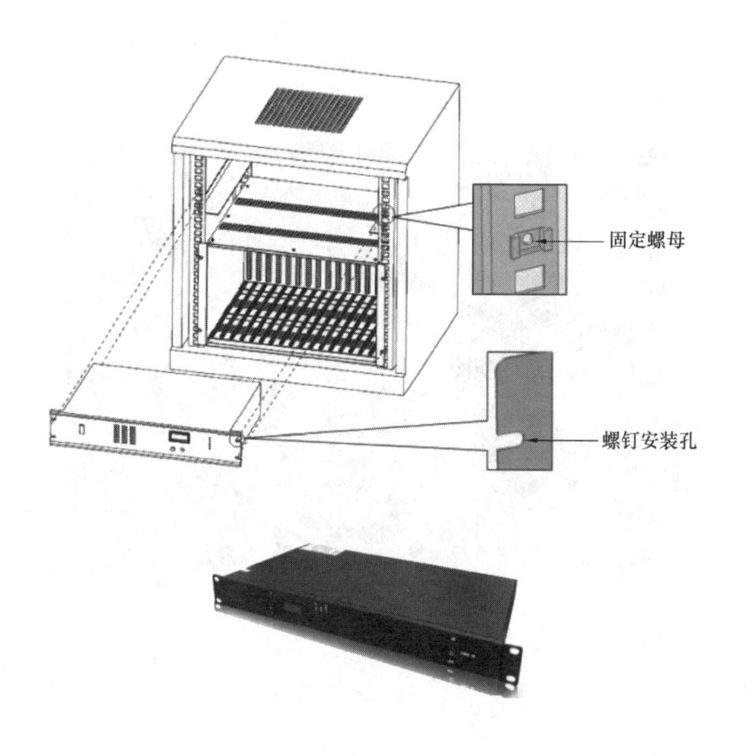

工艺说明：

(1) 把电源整流器放入 19 英寸机架内（建议安装在机箱的系统机柜内机框的上方，之间至少留空 10mm），在机框边缘的 4 个凹槽位置卡上固定件。

(2) 用 4 个螺丝固定好固定件位置。

011206　蓄电池安装

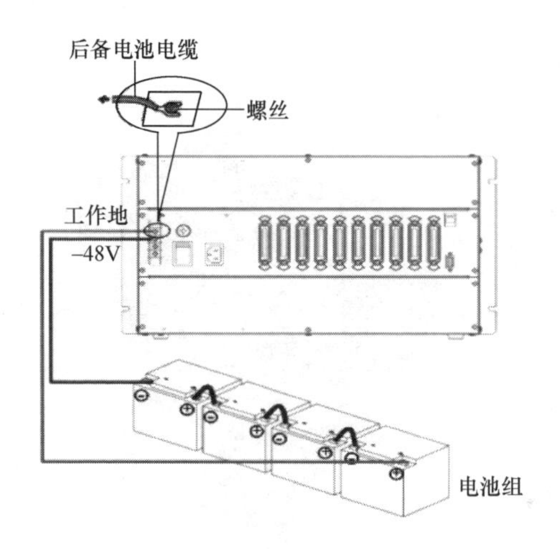

工艺说明：

(1) 保证电源开关处于关闭。

(2) 把后备电池电缆连接到一组（4 个）相同的后备电池。

(3) 把后备电池电缆连接到主机后面板的电池组连接端子上，拧紧接线端子的螺丝。

第二章　建筑设备管理系统

第一节　楼宇自控系统

1. 传感器

020101　一氧化碳传感器安装

工艺说明：

熟悉图纸，确定一氧化碳传感器的安装位置，根据现场情况确定精确安装位置，标记定位线。注意：由于其密度较低并且避免被水溅到，其安装位置一般在相对密闭空间的上半部分。

按照画好的定位线进行悬挂，要注意其悬挂时，其工作部位要向下悬挂，按说明进行接线工作，接线后检查其是否正常工作，才旋紧其前盖，完成安装。

020102 二氧化碳传感器安装

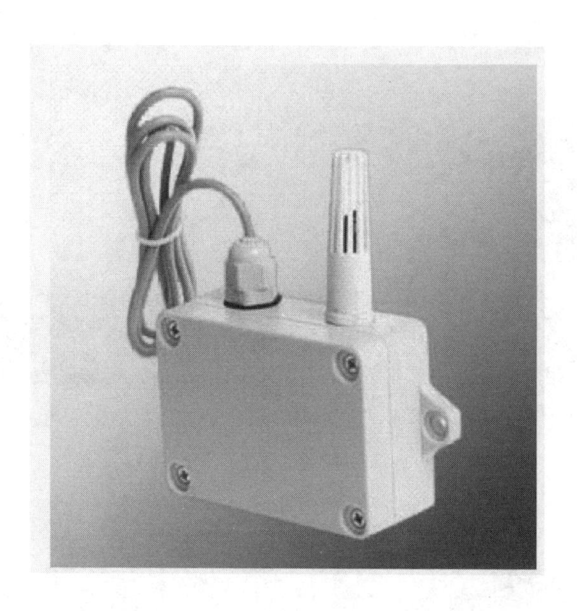

工艺说明：

熟悉图纸，确定二氧化碳传感器的安装位置，根据现场情况确定精确安装位置，标记定位线。注意：安装的位置尽量避开进气排气管道以及靠近门窗的地方；安装的时候需要离地面至少0.3m，最高不得超过1.8m。

按照画好的定位线进行安装，探头的传感器应向下与地面垂直。探头固定后，将电缆线接好，检查连线无误后，固定电缆及壳体上盖。接线时，请按照电路板上的指示标记接线，确认接线正确的情况下，再接通电源。

020103　温度传感器安装

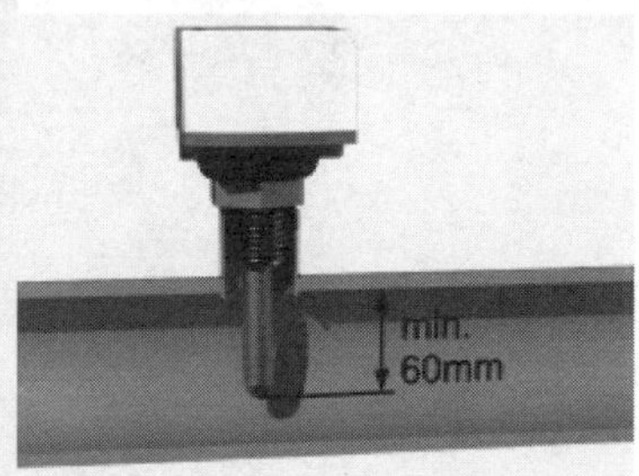

工艺说明：

熟悉图纸，确定传感器安装位置。确保传感器全部的有效长度侵入介质。采用气焊按传感器探针尺寸在水管上开孔。按传感器探针尺寸选择管接，并固定在水管上。校线并打上线标。

按设备说明书中接线图，进行接线。按设备说明书中安装图，进行安装。

水管温度传感器应在工艺管道预制与安装同时进行。水管温度传感器的开孔与焊接工作，必须在工艺管道的防腐、衬里、吹扫和压力试验前进行。

水管温度传感器的安装位置应在水流温度变化灵敏和具有代表性的地方，不宜选择在阀门等阻力件附近和水流流速死角和震动较大的位置。

020104　湿度传感器安装

工艺说明：

（1）熟悉图纸，确定湿度传感器的安装位置，根据现场情况确定精确安装位置，标记定位线。

（2）按照画好的定位线进行安装，按说明进行接线工作，接线后检查其是否正常工作，才旋紧其前盖，完成安装。

020105 焓值计安装

工艺说明：

熟悉图纸，室外温湿度传感器安装在外部墙面，最好是建筑物的北面或是西北面墙上；距离地面2.5m。

按设备尺寸，采用电动开孔器在墙壁上开孔。校线并打上线标。

按设备说明书中接线图，进行接线。

浸入杆上的传感元件易受碰撞和震动的影响。安装时须避免任何碰撞。传感器必须垂直安装（辐射防护罩在顶部）。

2. 执行器及探测器

020106　开关型风阀执行器安装

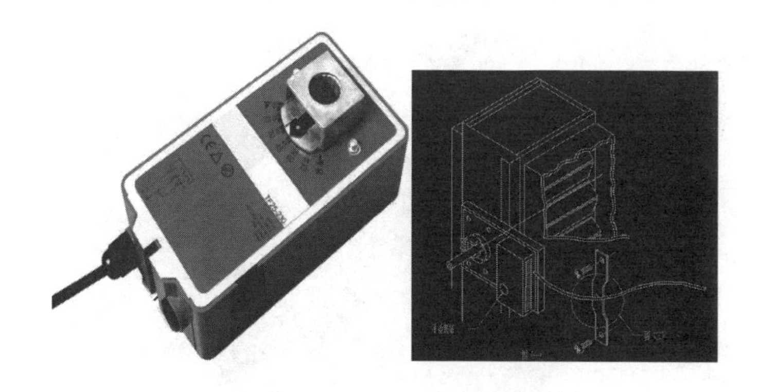

工艺说明：

（1）把风闸移至关阀位置。

（2）把马达就位于风阀轴上。

（3）收紧V形夹子于轴上。

（4）把通风安装支架二端扭曲以配合风阀柜之阀的形状。

（5）把安装支架固定在风阀柜上。

（6）调节型风阀执行器的安装方式同此。

020107 水阀执行器安装

工艺说明：

先将连接体装上水阀本体。

将驱动器垂直安在连接体上，并把螺丝锁紧。

使阀轴抽起至全开位置时接上驱动器开关轴末端。

020108　风管型二氧化碳探测器安装

工艺说明：

熟悉图纸，确定二氧化碳探测器的安装位置，根据现场情况确定精确安装位置，标记定位线。

按照画好的定位线进行安装，按说明进行接线工作，接线后检查其是否正常工作，才旋紧其前盖，完成安装。

3. 开关及声光报警器

020109 防冻开关安装

工艺说明：

熟悉图纸，确定传感器安装位置。校线并打上线标。从风管清洗时预留的人孔进入风管内部，拆除电动风阀叶片和过滤网后安装在过滤网和表冷器之间。

按设备说明书中接线图，进行接线、安装。将电缆线直接拉到控制箱，尽量避免使用中间接头。

020110　液位开关安装

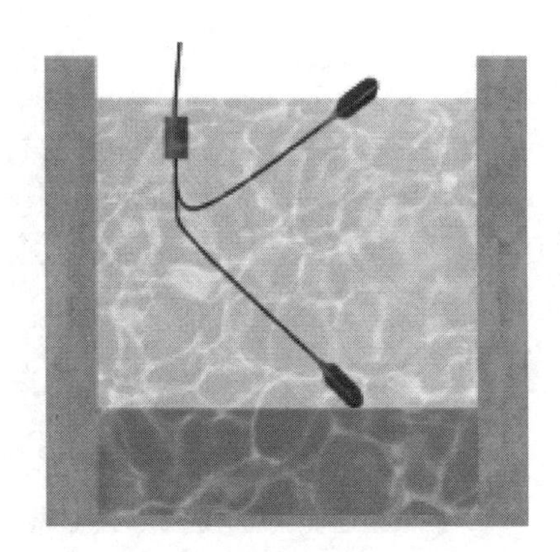

工艺说明：

熟悉图纸，确定传感器安装位置。校线并打上线标。

按设备说明书中接线图，进行接线、安装。将电缆线直接拉到控制箱，尽量避免使用中间接头。若不得已而有接头时，绝对不可将电缆线接头浸入液体中。未使用的电线必须予以绝对的绝缘。

将浮球开关的电缆线从重锤的中心下凹圆孔处穿入后，轻轻推动重锤使嵌在圆孔上方的塑胶环因电缆头之推力而脱落。轻轻地推动重锤拉出电缆，直到重锤中心扣住塑胶环，重锤只要轻扣在塑胶环上即不会滑落，此塑胶环如有损坏或遗失，可用同径裸铜线扣入电缆代替。

根据液位限位高度要求，定位浮球高度。

020111 风管压差开关安装

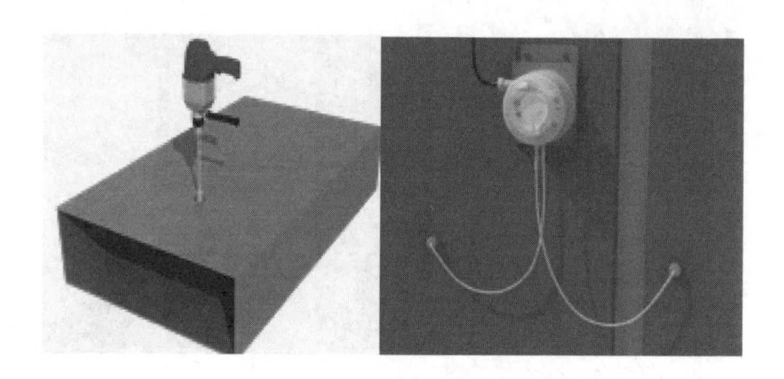

工艺说明：

熟悉图纸，空气压差探测器适合安装在风管或墙上。空气导管应安装在设备两侧发生压强变化的地方。采用电动开孔器在空调机组上开孔，按传感器空气导管尺寸选用相应规格的钻孔。校线并打上线标。

按设备说明书中接线图，进行接线。推荐方位是垂直，但原则上任何方位都可以接受。压强连接管道可为任意长度，但如果长度超过 2 m，响应时间将增加。

压差探测器应该安装在压强连接点上方。为防止凝结水聚集，管道应该是连通的，在压强连接处和压差探测器之间应该有一个逐渐倾斜的坡度（无回路）。

4. 其他设备

020112　VAVbox 安装

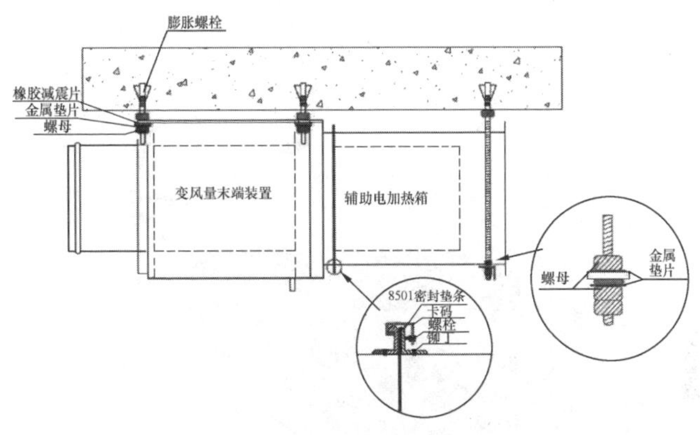

工艺说明：

VAVbox 箱一次新风管应采用硬连接，直线长度不小于 4 倍一次风风管直径。VAVbox 箱的送风软管安装，其长度控制在 3m 内，按 1m 间距设置吊架。VAVbox 箱供电强电线缆与通信联网线缆应分管布线。

020113　温控面板安装

工艺说明：

温控开关与其他开关并列安装时，距地面高度应一致。

按设备尺寸，采用电动开孔器在墙壁上开孔。

校线并打上线标。

按设备说明书中接线图，进行接线。

020114　调节型阀门安装

工艺说明：

将执行机构垂直放置并位于阀门的上部；流体流向与流向箭头或指导手册所指示的方向一致；确保在阀门的上面和下面留有足够的空间以便在检查和维护时容易地拆卸执行机构或阀芯；对于法兰连接的阀体，确保法兰面准确地对准以使垫片表面均匀地接触；在法兰对中后，轻轻地旋紧螺栓，最后以交错形式旋紧这些螺栓；安装于控制阀（调节阀）上游和下游的引压管有助于检查流量或压力降；将引压管接到远离弯头、缩径或扩径的直管段处；用1/4或3/8英寸（6～10mm）的管子把执行机构上的压力接口连接到控制器上。

第二节　能源管理系统

020201　通信管理机安装

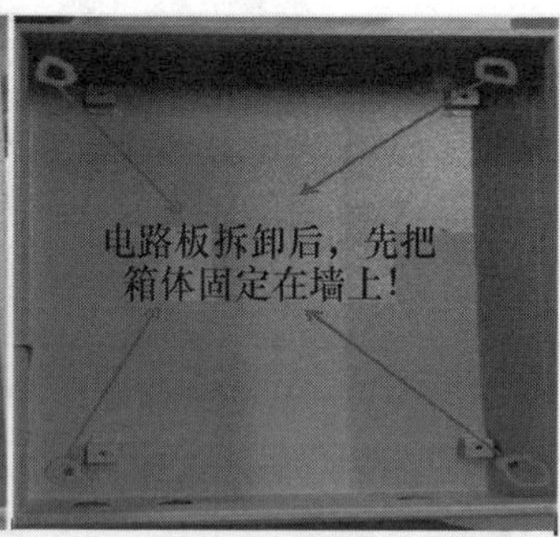

工艺说明：

明装壁挂式安装时，其高度有设计要求时以设计要求为准；无设计要求时，箱底宜离层面高约 1.4m。

开启外箱盖，拆卸底板上 4 个固定螺丝，取出整个电路板模块，单独把底箱固定完毕后，再把电路板安装复原。

管理机与交换机之间、采用 TCP/IP，每一网络设备直接的网线长度不能超过 100m，并采用标准水晶头连接。

020202 智能水表安装

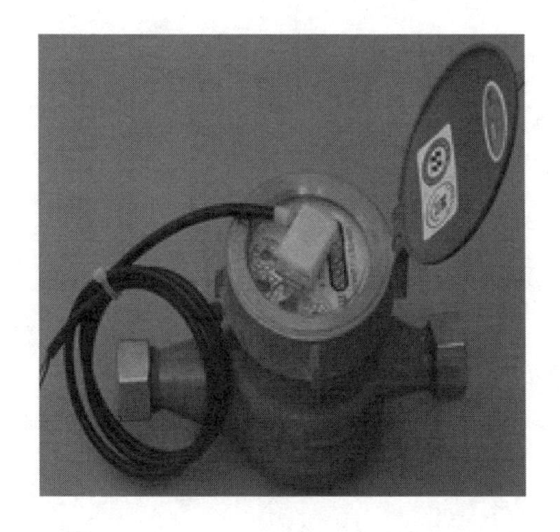

工艺说明：

首先选择安装智能水表的合适位置，找到正确的安装口径。

安装的时候记得是水平安装的。智能水表的表面是向上的，在智能水表的外壳上会有一个箭头，在安装时注意水流的方向与这个箭头的方向是一致的。

智能水表的前后都要安装一个阀门，这样可以控制水流，在使用智能水表的时候要将这两个闸门都打开。

将下游的管道安装在高出水表 0.5m 以上的位置。

020203　智能电表安装

工艺说明：

安装电能表、采集器、集中器等需有经验的电工或专业人员。

安装接线时应按照仪表端钮盖上的接线图或说明书上相应接线图进行接线；对于直接接入式电能表接线时应注意接线方向，最好使用多股软铜线引入，再将螺钉拧入并穿透。

铜线绝缘皮层使其与铜线导通，拧紧为止，避免因接触不良而引起电能表工作不正常或烧毁。

020204　空调电能量表安装

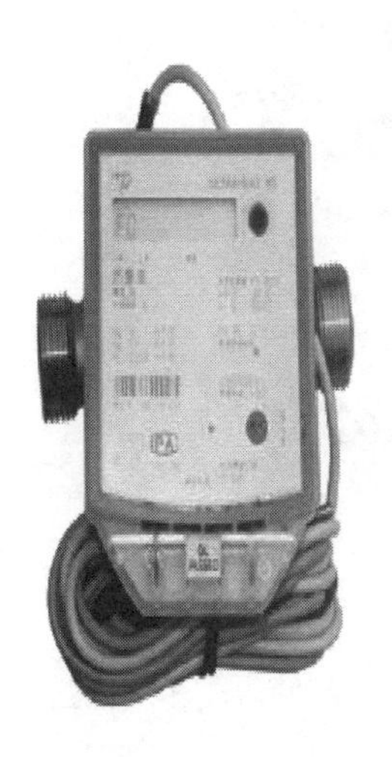

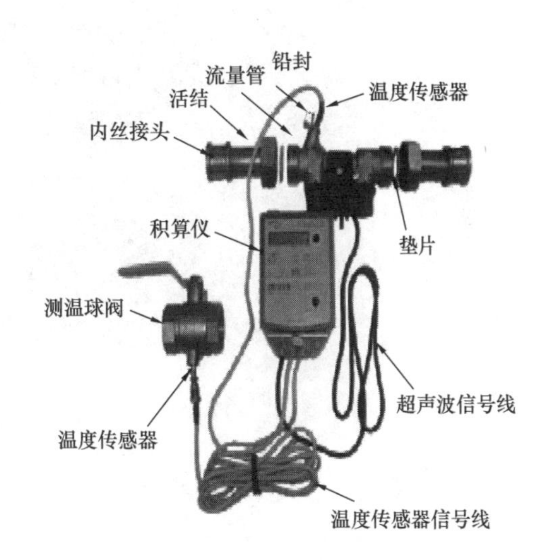

工艺说明：

安装表具之前，要用压力适当的洁净水把系统管道内的石子、泥沙、麻丝、焊渣等杂物冲洗干净，然后再装表具即可。

020205　能源采集器安装

工艺说明：

(1) 根据弱电井机箱定位图纸，在墙壁上用符号标注采集器机箱的安装固定点位。

(2) 采用电钻在墙面上开孔，选用相应规格的钻头。

(3) 将采集器机箱在墙面开好的安装孔上进行固定安装。

(4) 将智能仪表等前端设备与采集器中对应的端子进行线缆端接。

第三节　收费计量系统

1. 管理器及计费仪

020301　管理器安装

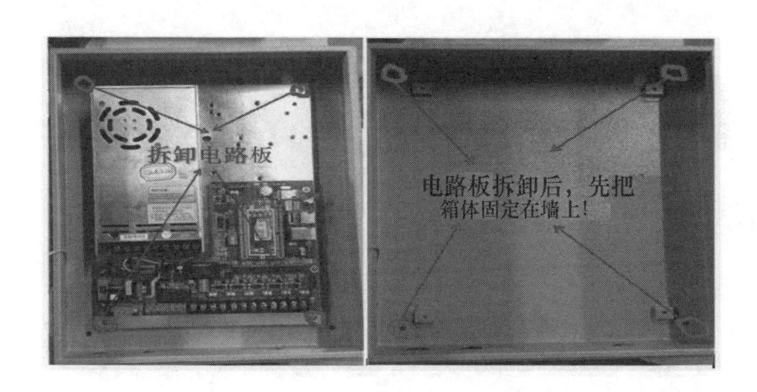

工艺说明：

明装壁挂式安装时，其高度有设计要求时以设计要求为准；无设计要求时，箱底宜离层面高约1.4m。

开启外箱盖，拆卸底板上4个固定螺丝，取出整个电路板模块，单独把底箱固定完毕后，再把电路板安装复原。

管理机与交换机之间、采用TCP/IP，每一网络设备直接的网线长度不能超过100m，并采用标准水晶头连接。

020302 计费仪安装

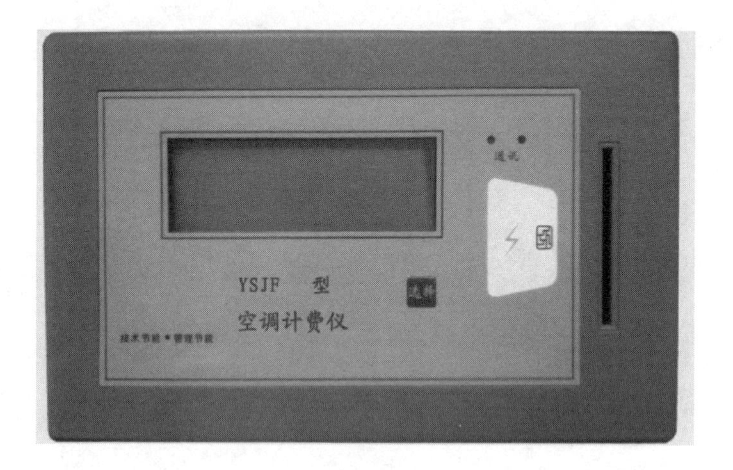

工艺说明：

采用交流 AC220V 电源，建议集中供电，有管理器的断路器下端引来。电箱外壳必须可靠接入大地。

计费仪通信采用总线型布线方式，严禁星形接法。选用 RVS2×0.5mm^2 双绞线。

2. 能量表

020303　能量积算仪安装

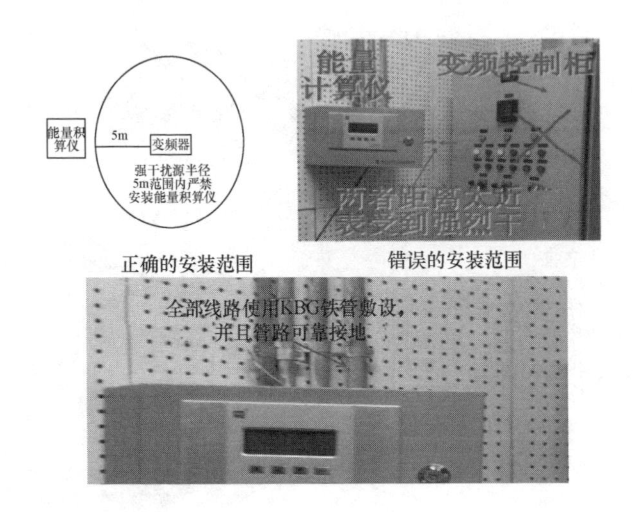

正确的安装范围　　错误的安装范围

工艺说明：

能量积算仪采用交流 AC220V 电源，选用 BA15mm^2 线材；建议集中供电，有管理器的断路器下端引来。

现场供电时，注意采用不能人为控制的电源。电箱外壳必须可靠接入大地。

能量积算仪通信采用总线型布线方式，严禁星形接法。选用 RVS2×0.5mm^2 双绞线。注意：必须采用双绞线材，否则将影响通信的稳定性。

020304　流量计安装

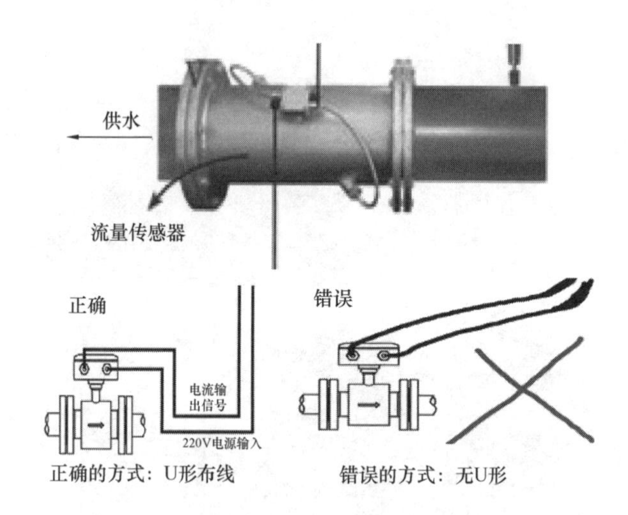

工艺说明：

（1）流量计信号线选用 RVVP2×0.5mm² 的线材，长度不超过 20m，注意屏蔽网必须接入大地。严禁与强电（AC220V）同管敷设。

（2）流量计的 220V 电源线与电流输出信号线须采用“U”形布线。

020305 电磁流量计安装

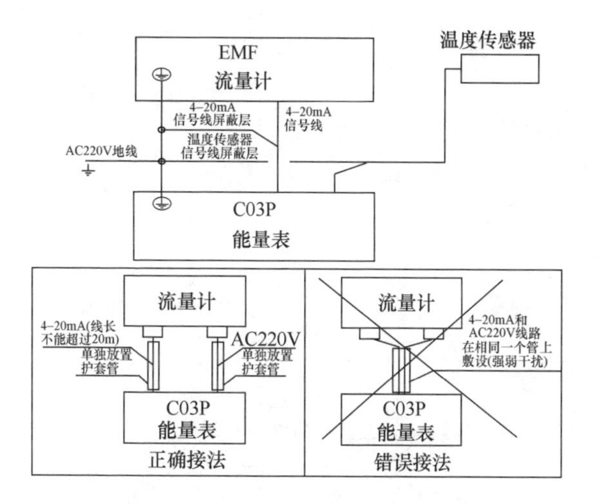

工艺说明：

流量计的 AC220V 电源线和 4～20mA 信号线必须独立布线布管，严禁把 2 根线同管敷设造成干扰，同时为了避免 4～20mA 信号衰减必须保证信号线长不能超过 20m。流量计的 220V 电源线与电流输出信号线须采用“U”形布线。

在水平管上安装时，应避免沉积物和气泡对测量电极的影响，电极轴向保持水平位置。流量计检修空间预留，为了保证以后流量计能够正常进行维护和检修，安装时必须保证流量计的具有足够检修位置和空间，顶部至少预留 30cm 距离。

第三章　公共安防系统

第一节　视频安防监控系统

1. 枪型摄像机

030101　枪型摄像机壁装

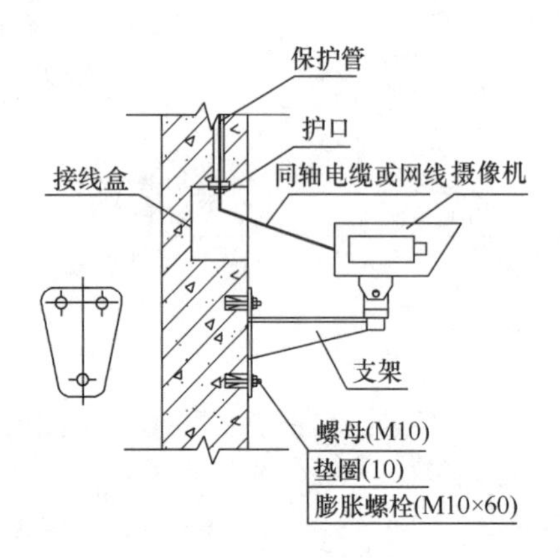

工艺说明：

(1) 首先装镜头。

(2) 固定摄像机。

(3) 安装电源适配器，并做好绝缘。

030102　枪型摄像机吊装

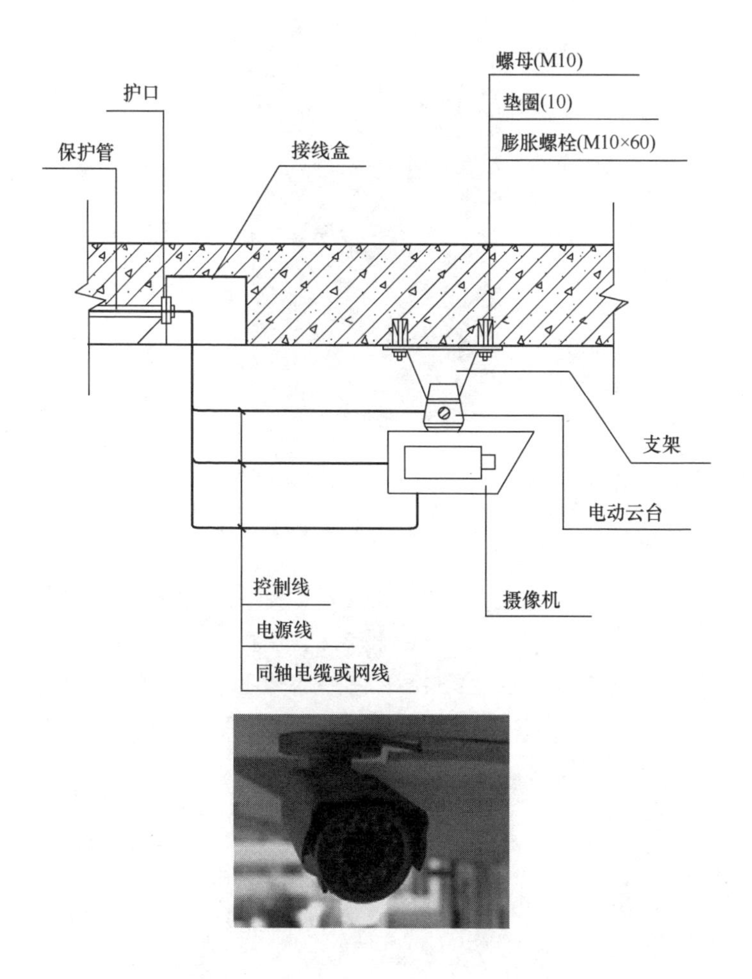

030103 枪型摄像机室外立杆安装

工艺说明：

室外枪式摄像机的安装与室内安装步骤相同，但护罩选用室外防水型护罩并加装前端防雷装置。

立杆的中心线安装时必须与水平面垂直，摄像机的枪式摄像机的支架通过抱箍或立杆自带的基座固定在立杆上。

在每根立杆顶端加装避雷针一根，用于防范直击雷；枪式摄像机安装视频网线、电源线防雷器，要求接地地阻应做到小于4Ω以下。

前端设备接地具体措施，摄像机安装在立杆上，如现场土壤情况较好（石沙等不导电物质较少）的情况下，利用立杆直接接地，把摄像机与防雷器的地线直接焊接在立杆上。反之，如果现场土壤情况恶劣（石沙等不导电物质较多），则要借用导电设备，利用扁钢与角钢等。

2. 半球型摄像机

030104　半球型摄像机壁装

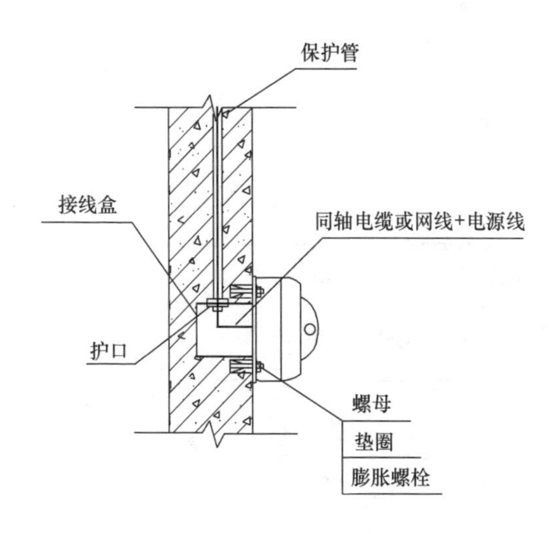

工艺说明：

选择在墙壁上，将相机放置的位置。安装的位置贴到需要的位置。

钻四个通孔的中心的四个定位孔上的贴纸。

锤四个塑料产品包中提供的锚分为两个定位孔。

将相机固定在墙上，两个螺丝槽的塑胶锚的位置。插入的孔，并用螺丝刀拧紧螺丝顺时针旋转。

将圆顶盖背面的摄像装置。

030105 半球型摄像机吸顶安装

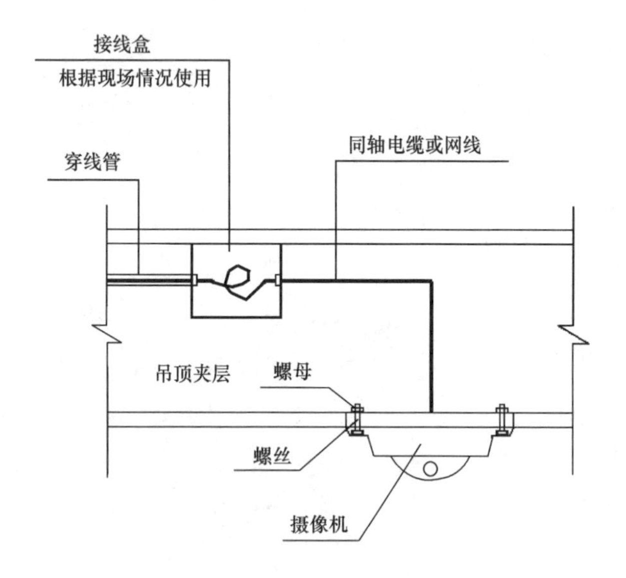

工艺说明：

将相机固定在所需的位置上，并用螺丝刀拧紧螺丝顺时针方向，通过这两个孔每边的设备，将螺丝拧紧后完成该设备安装。

030106　半球型摄像机楼板上安装

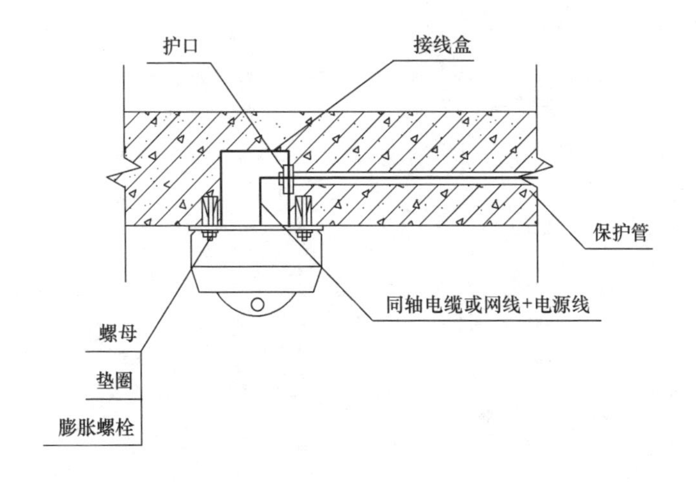

工艺说明：

钻四个通孔的中心的四个定位孔上的贴纸；

锤四个塑料产品包中提供的锚分为两个定位孔。

将相机固定在楼板上，两个螺丝槽的塑胶锚的位置。插入的孔，并用螺丝刀拧紧螺丝顺时针旋转。

将圆顶盖背面的摄像装置。

3. 一体化球型摄像机

030107 一体化球型摄像机壁装

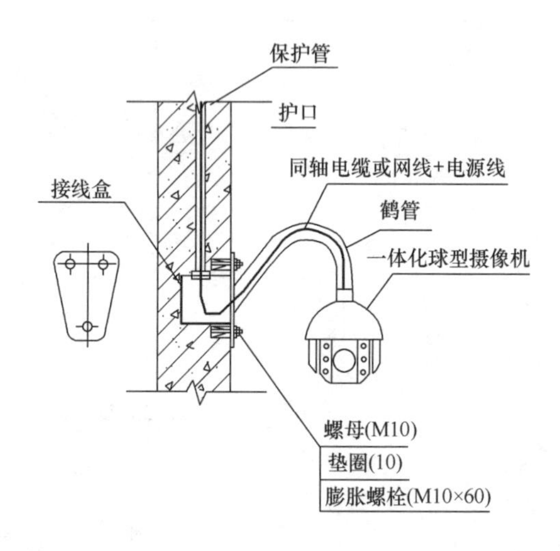

工艺说明：

步骤1：决定缆线走线方式。若选择隐藏摄像机缆线，请先在即将安装的墙壁位置开口，使缆线能隐藏于壁中。

步骤2：以海绵球堵住迷你壁装支架尾端的开口，或是拆卸壁装支架挡板，再将海绵球塞入管内固定。

步骤3：将摄像机电缆穿过管内，并将迷你壁装支架固定于墙上。

步骤4：将摄像机电缆穿过室内快球弯管接头，再将弯管接头紧固于迷你壁装支架上。

步骤5：将电缆接头插入快球摄像机底座的对应接口，随后将摄像机固定于弯管接头上即可。

030108　一体化球型摄像机吊装

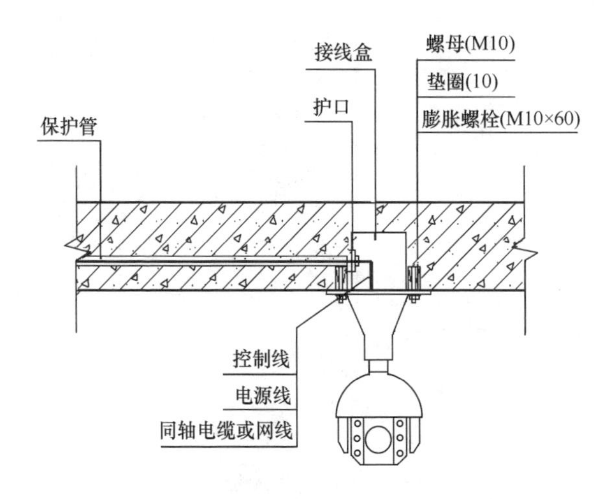

工艺说明：

步骤1：决定缆线走线方式。若选择隐藏摄像机缆线，请先在即将安装的顶板位置开口，使缆线能隐藏于壁中。

步骤2：将标准型顶板支架紧固于墙顶上。

步骤3：将快球摄像机缆线自迷你壁装支架或鹅管尾端开口拉出，并使其通过（室内）快球直管接头。

步骤4：固定（室内）快球接口。

步骤5：将电缆接头插入摄像机底座的对应接口。若使用室内型快球摄像机，再将快球摄像机固定于弯管接头上，以完成安装。

030109 一体化球型摄像机室外立杆安装

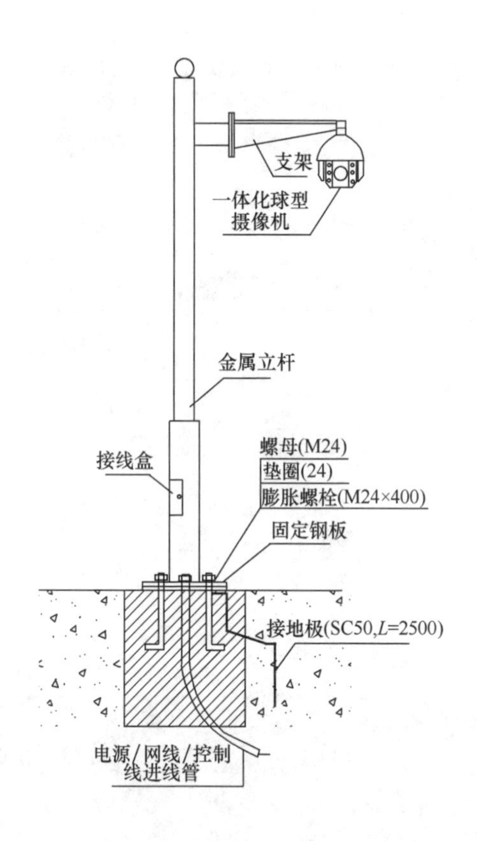

工艺说明：

室外枪式摄像机的安装与室内安装步骤相同，但护罩选用室外防水型护罩并加装前端防雷装置。

4. 电梯轿厢摄像机

030110　电梯轿厢摄像机吸顶安装

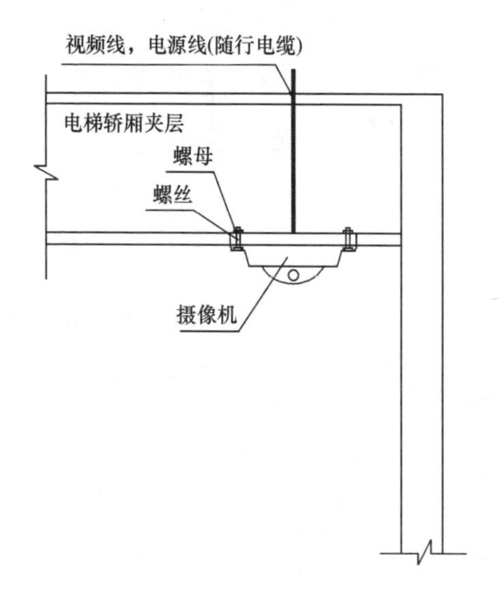

工艺说明：

将相机固定在所需的位置上，并用螺丝刀拧紧螺丝顺时针方向，通过这两个孔每边的设备，将螺丝拧紧后完成该设备安装。

030111　电梯轿厢摄像机嵌入式安装

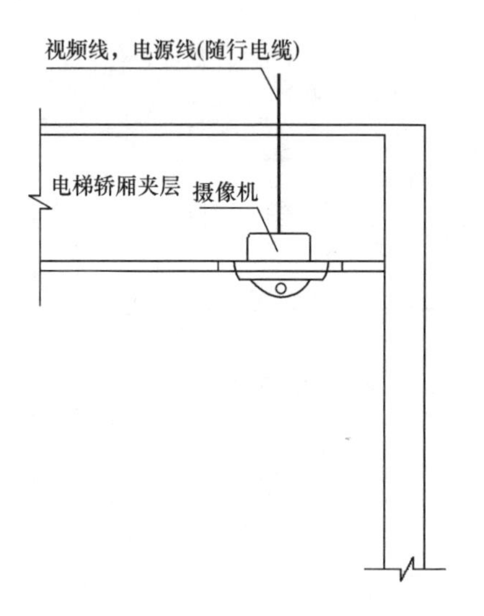

工艺说明：

将相机固定在所需的位置上，并用螺丝刀拧紧螺丝顺时针方向，通过这两个孔每边的设备，将螺丝拧紧后完成该设备安装。

第二节 入侵报警系统

1. 探测器

030201 红外探测器吸顶安装

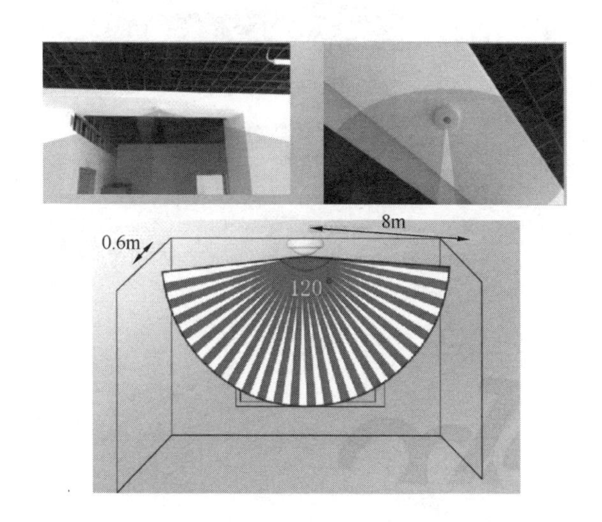

工艺说明：

(1) 选定合适的位置，用螺钉将安装底板固定在天花板上，再将探测器挂上。建议安装高度为2.5～6m。

(2) 按说明接好线，然后盖上探测器盖盒接通电源即可。

030202 红外探测器壁装

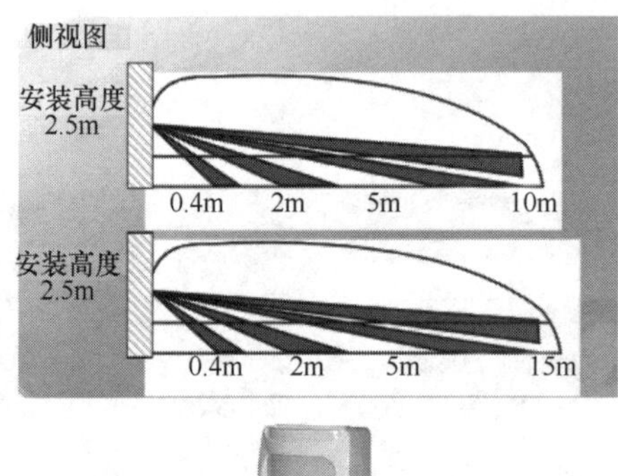

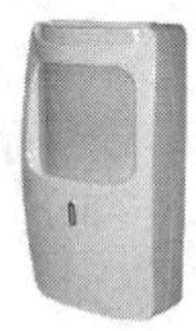

工艺说明：

(1) 选定合适的位置用冲击钻，在墙壁钻两个孔，再用螺丝钉将万向支架固定。将无线红探测器插入万向支架，摆好探测方向。建议安装高度为2m。

(2) 接好配线即可。

030203　双鉴探测器吸顶安装

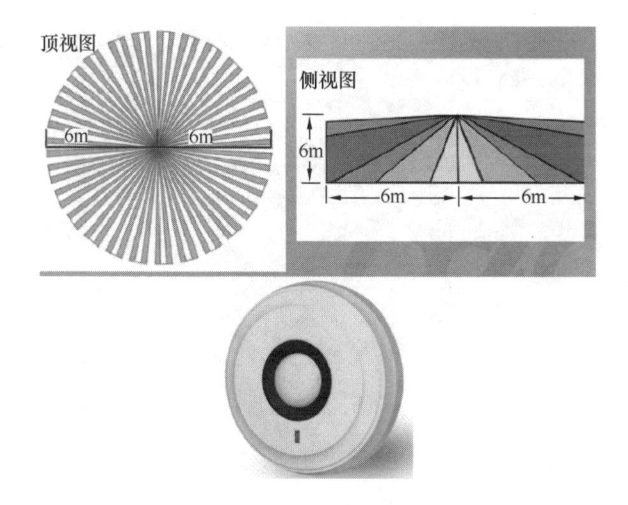

工艺说明：

(1) 选择合适的位置，用冲击钻在墙壁上打上小孔，用螺丝钉将探测器支架固定，将探测器插入支架。吸顶表面安装高度为：2.4～4.8m。

(2) 连接好配线后，确定无线路故障后方可接通电源进行调试。

030204 双鉴探测器壁装

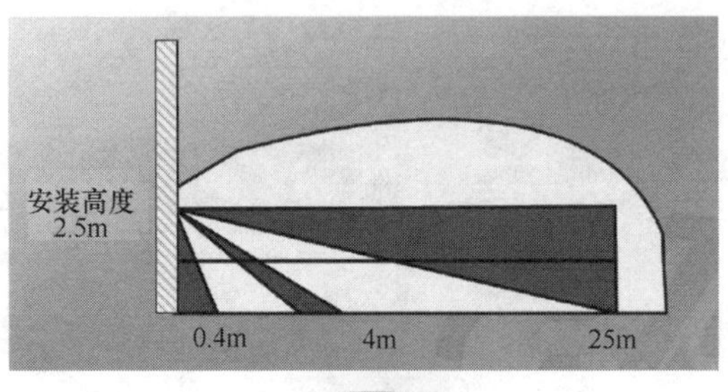

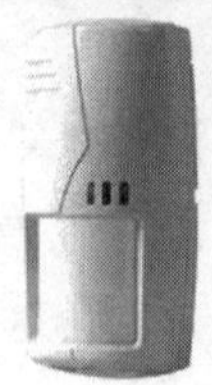

工艺说明：

（1）选择合适的位置，用冲击钻在墙壁上打上小孔，用螺丝钉将探测器支架固定，将探测器插入支架。吸顶表面安装高度为：2.4～4.8m。

（2）连接好配线后，确定无线路故障后方可接通电源进行调试。

030205　三鉴探测器吸顶安装

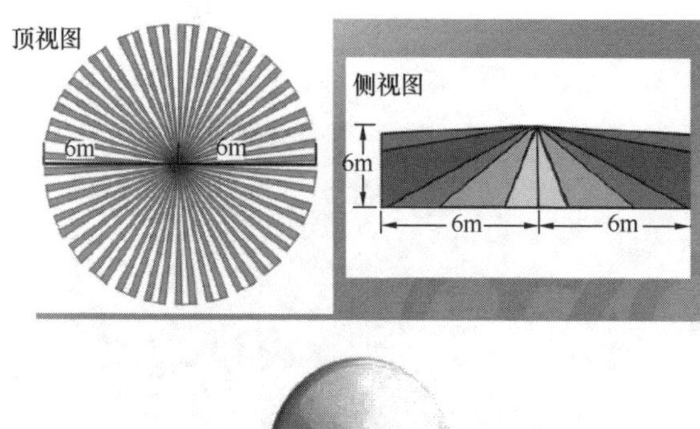

工艺说明：

（1）选择合适的位置，用冲击钻在墙壁上打上小孔，用螺丝钉将探测器支架固定，将探测器插入支架。吸顶表面安装高度为：2.4～4.8m。

（2）连接好配线，确定无线路故障后方可接通电源进行调试。

030206 玻璃破碎探测器安装

工艺说明：

(1) 按下探测器侧面盖凸，将面盖打开。将电线从底盖或侧面的穿孔引入，接上各端子。

(2) 用两粒螺丝钉插入螺丝孔，将探测器底盖固定，或用好的双面胶把底盖粘贴好。

(3) 调节灵敏度，合上面盖。

(4) 测试玻璃破碎探测器。

030207　幕帘式红外探测器安装

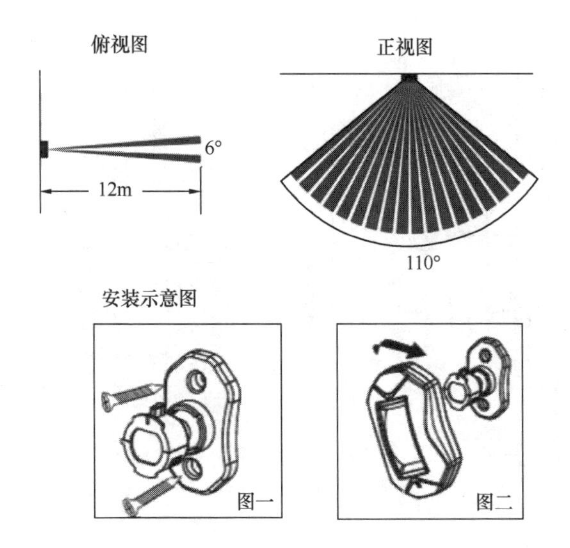

工艺说明：

将支架正对探测器底壳的螺丝孔位，用螺丝加固，取出底座用两颗螺丝固定在墙上，把已装好支架的红外探测器用力压进底座中心的圆孔，并将红外线探测调试到最佳角度。

2. 报警按钮

030208　报警按钮壁装

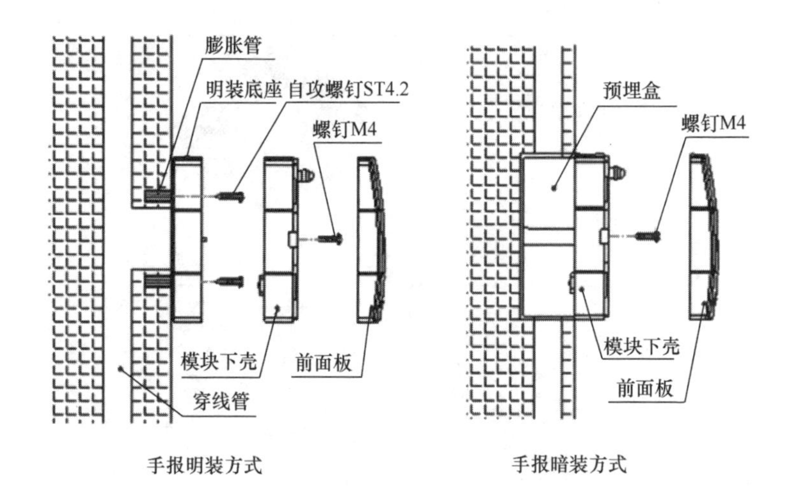

手报明装方式　　手报暗装方式

工艺说明：

（1）拧下报警按钮面盖固定螺钉，拆开报警按钮，将按钮及拆下的螺钉放入包装盒妥善保管。

（2）将报警按钮底盒固定在预留盒上即可。

（3）将适宜的塑料胀管塞入，使塑料胀管入钉孔与墙面平齐。

（4）将安装盒牢固固定。

（5）连接信号线缆。

（6）将按钮及盖面按原位装入，并将固定螺钉拧紧。

030209　报警按钮家具上安装

工艺说明：

此按钮使用强力胶水安装于家具上。

第三节 门 禁 系 统

1. 读卡器

030301 刷卡读卡器安装

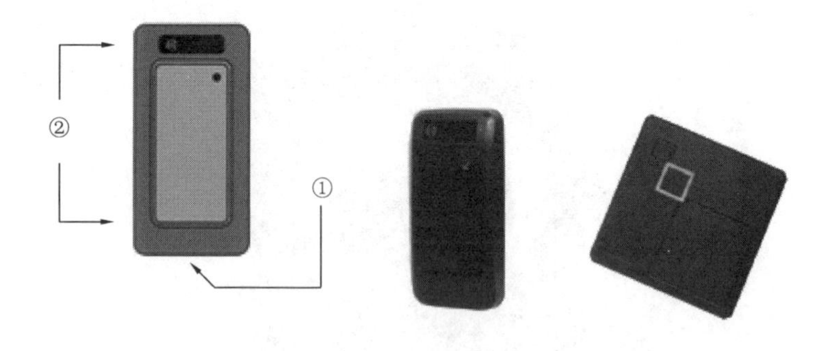

工艺说明：

(1) 要拆卸顶盖，您需要拧下读卡器底部的顶盖螺丝。

(2) 卸下顶盖以露出安装螺孔。

(3) 将读卡器固定到安装表面的孔。

(4) 然后将接口电缆从读卡器连接到控制器。推荐使用线性电源。

030302　带键盘读卡器安装

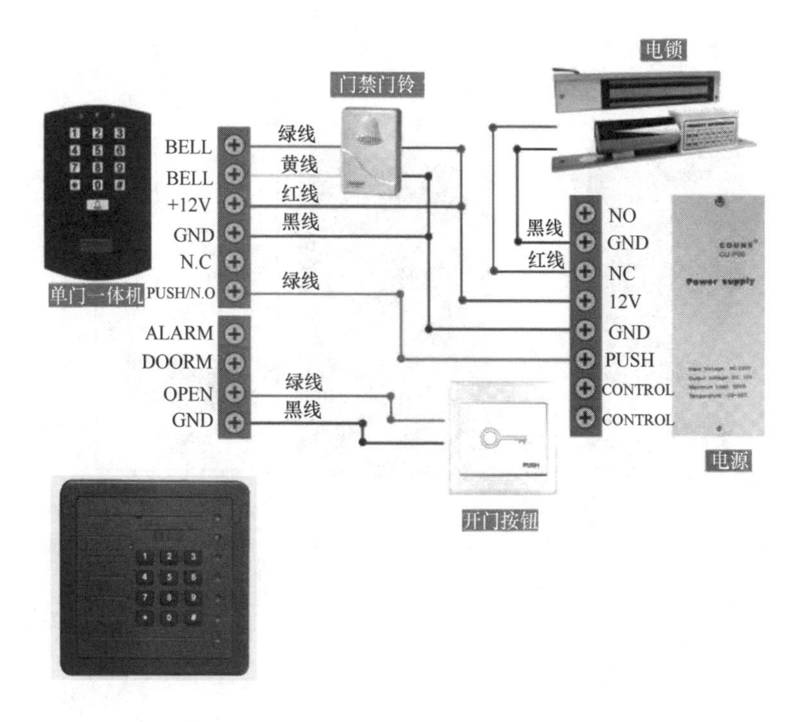

工艺说明：

钻取用于将读卡器固定到安装表面的孔；然后，将接口电缆从读卡器连接到控制器。

030303　指纹读卡器安装

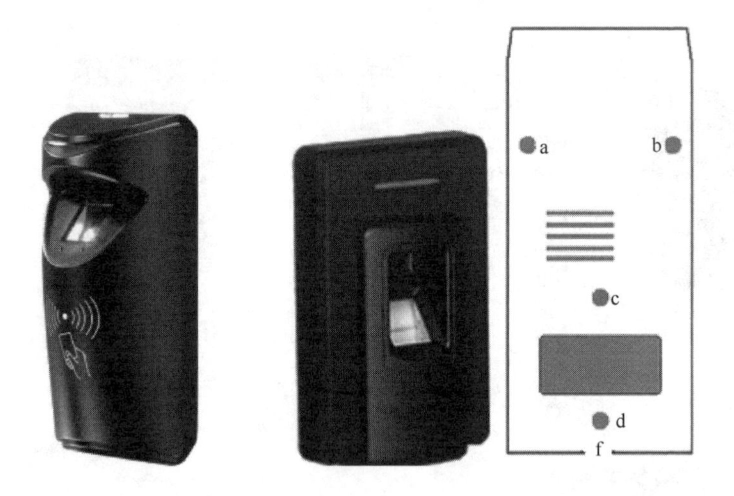

工艺说明：

首先，用配套的螺丝刀，将底部的螺丝卸下，取掉安装背板，安装背板上4个固定孔位，将安装背板固定。连接外围设备，在接线前，应确保设备电源已断，在通断状态下接线可能会对设备造成损坏。

然后，连接外围设备，门禁控制器的连接，外接读卡器的连接，报警器的连接，各种组网方式辅助通信接口的连接，最后连接电源即可。

030304 指纹键盘读卡器安装

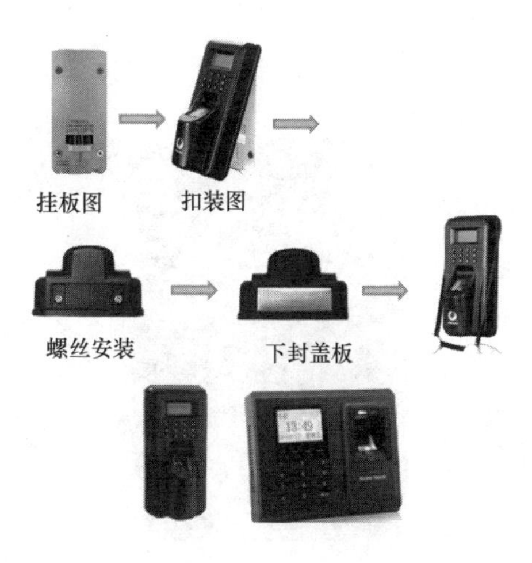

工艺说明：

在适合高度（离地面130cm左右）用安装挂板描画好4个安装孔位后拿下挂板，用$\phi6$冲击钻头、钻好该孔再用附件中的塑料膨胀钉打入至与墙面平；连接好线缆，再把安装挂板安装对位后，最后用干壁钉旋装紧固；把连接插头插入主机插座上；接通电源测试各项功能正确无误后把主机在安装挂板上向下扣压，再用附配的3×6平机螺丝装紧，最后用所配的下封盖板封盖、并装嵌硅胶条。

030305 液晶显示读卡器安装

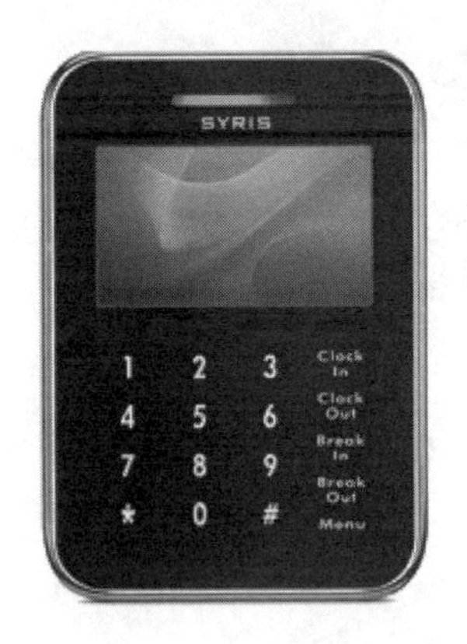

工艺说明：

设备如安装在金属表面，会缩短本机的有效读卡距离。为了减少设备之间的射频电磁干扰，设备与设备、设备与读卡器、读卡器与读卡器安装应有一定间距，建议大于50cm，并且外接继电器。

2. 出门按钮

030306　出门按钮空心门框式安装

工艺说明：

出门按钮预留的两个螺丝眼建议在墙上（木板、铝门框）打孔拧螺丝固定即可。

030307 出门按钮电气底盒式安装

工艺说明：

在安装开关时，可以直接置入 86 盒中埋在墙内。出门按钮预留的两个螺丝眼建议在墙上（木板、铝门框）打孔拧螺丝固定即可。

3. 电控锁

030308　单门磁力锁安装

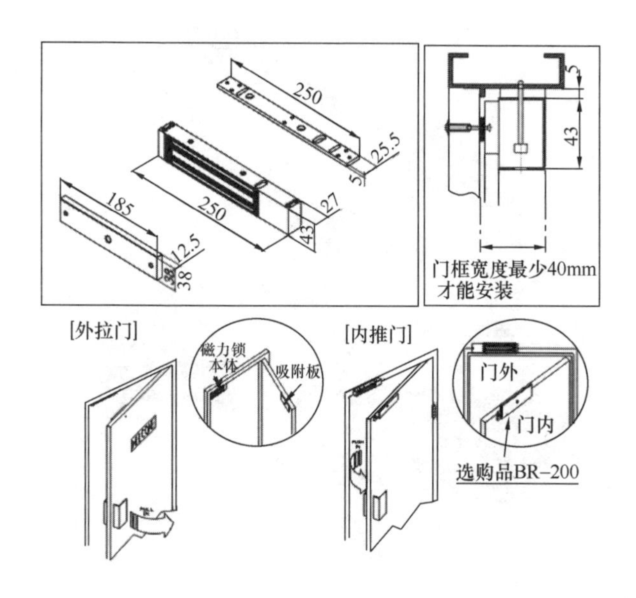

工艺说明：

首先在打孔的地方做上记号后打孔；继铁板的固定；边板的固定；修正边板的位置；固定锁主体与边板锁紧边板的半圆头螺丝后，再锁上所有的沉头螺丝，然后再卸下半圆头螺丝，在适当的位置钻孔以便接线；然后用六角扳手把锁主体锁在边板上；最后盖上盖板，把小铝柱体塞进锁主体的螺丝孔中。

030309 双磁力锁安装

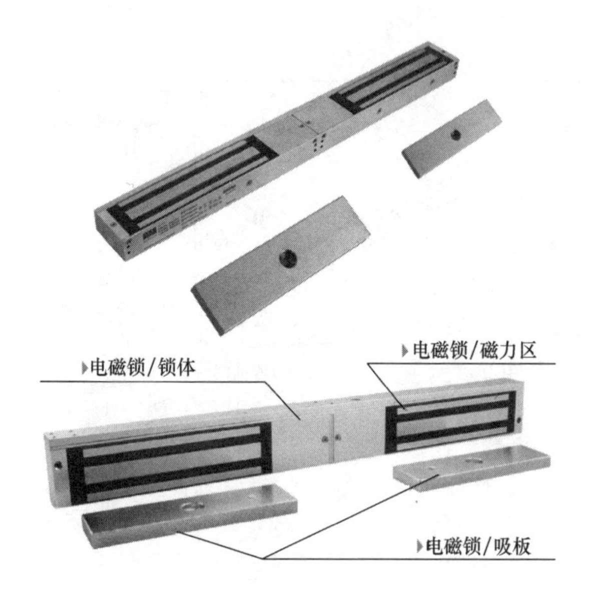

工艺说明：

首先在打孔的地方做上记号后打孔；继铁板的固定；边板的固定；修正边板的位置；固定锁主体与边板锁紧边板的半圆头螺丝后，再锁上所有的沉头螺丝，然后再卸下半圆头螺丝，在适当的位置钻孔以便接线；然后用六角扳手把锁主体锁在边板上；最后盖上盖板，把小铝柱体塞进锁主体的螺丝孔中。

030310　电插锁安装

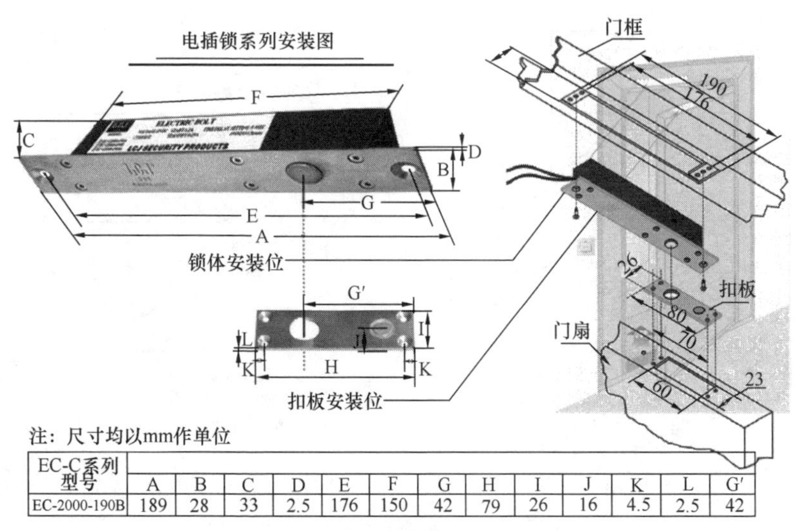

注：尺寸均以mm作单位

EC-C系列型号	A	B	C	D	E	F	G	H	I	J	K	L	G′
EC-2000-190B	189	28	33	2.5	176	150	42	79	26	16	4.5	2.5	42

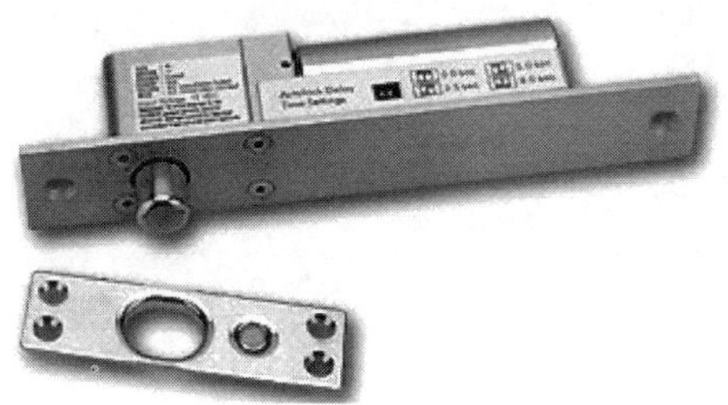

工艺说明：

先将门关上，确定门与门框的中心线，再将电锁包装盒内的贴纸与中心点对齐贴上；按贴纸上所示的孔位在门框上开孔；在门框上安装锁体，上好挡板，并用螺丝固定；在门上安装锁扣即可。

030311　玻璃门夹锁安装

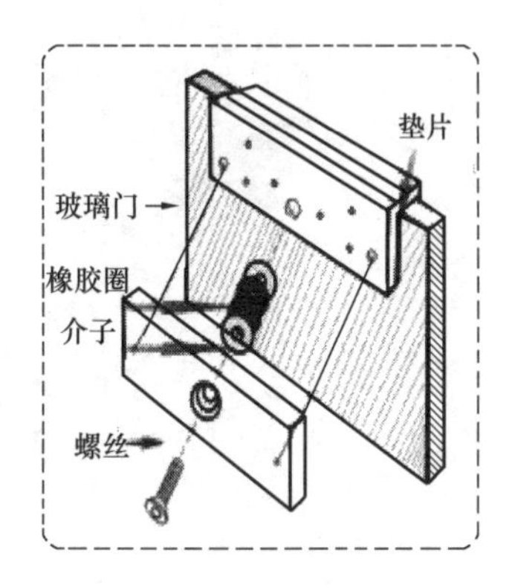

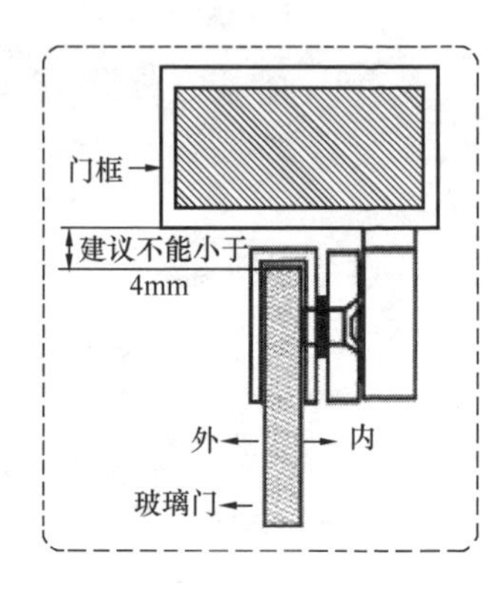

工艺说明：

拆除锁体防拆螺丝并保存好；

用六角起子拆开锁体与固定板；

将固定板安装在门框上；

用六角起子将锁体安装固定板上；

装好防拆螺丝；

将U形支架固定在玻璃门上；

将吸盘安装到U形支架上，安装时必须加上橡胶垫圈。

030312 电磁锁扣安装

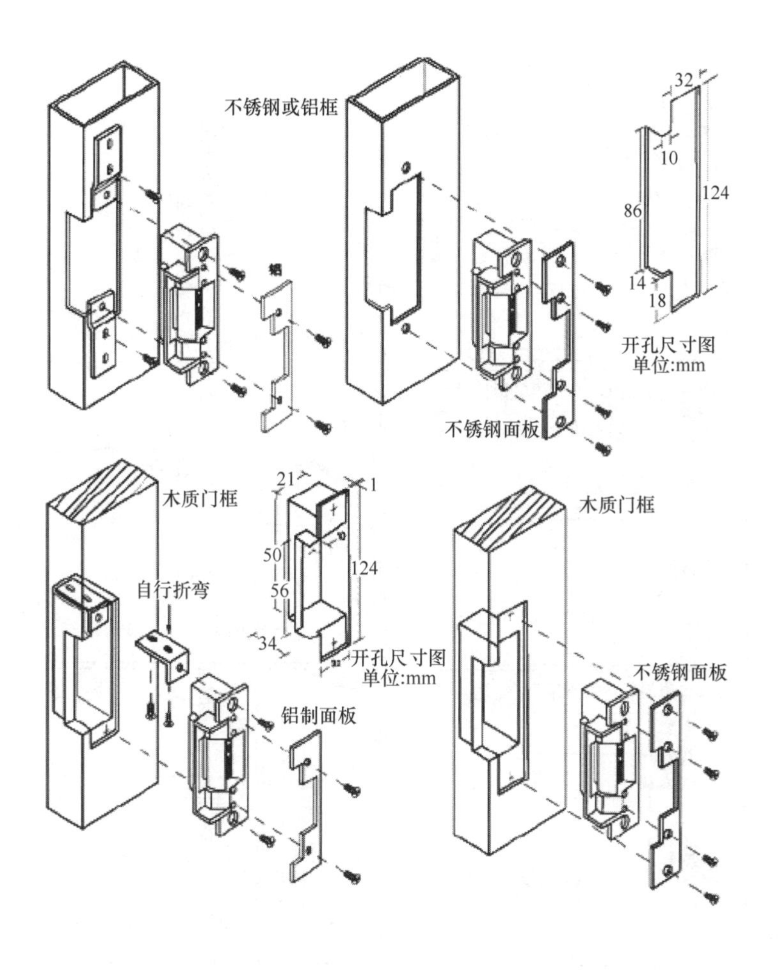

工艺说明：

电锁扣需要配合传统的球锁或者防盗锁来使用，根据不同的锁的情况来配合窄口或带加长板的电锁扣。

030313 电控推杠锁安装

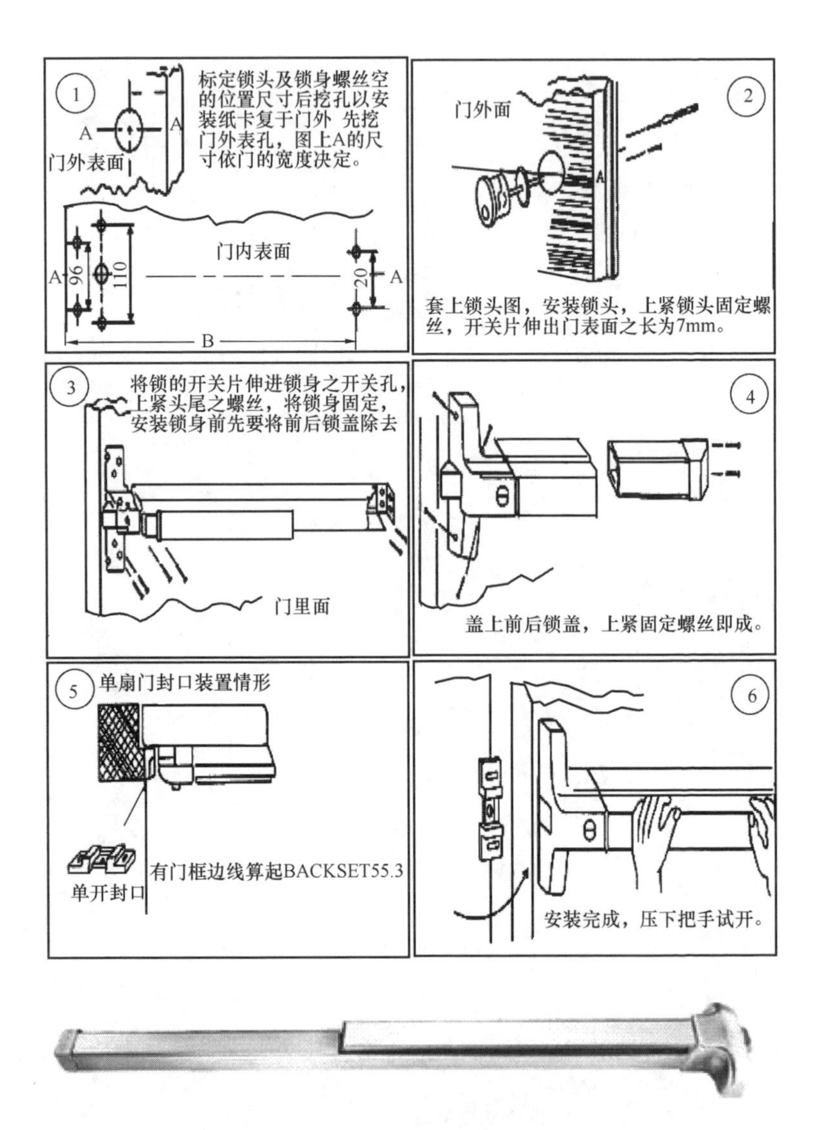

030314 机电一体锁安装

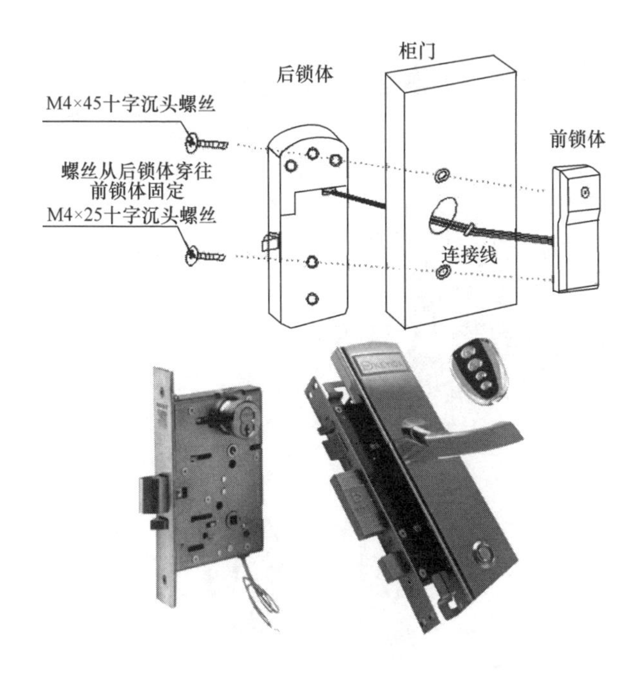

工艺说明：

前后锁体与柜门分别拆开以后，电源线、还有与门禁系统相连的控制信号线以及反馈信号线，在施工时线路要穿过门体和门框，需要考虑采用过线处理。

030315 多点电控马达锁安装

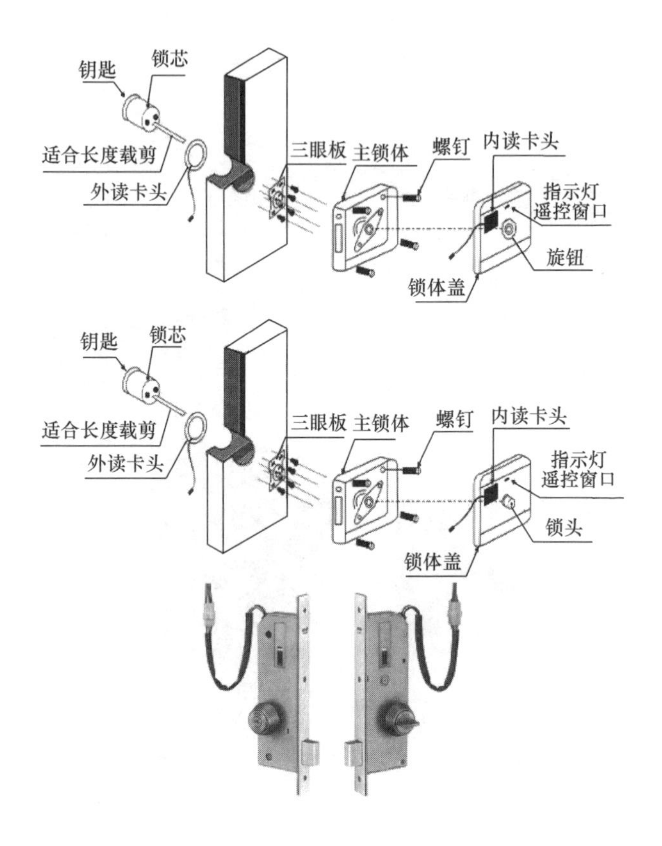

工艺说明：

所有马达固定好；把马达电机与原车上的拉杆或者开锁把手通过铁丝连在一起，保证能够操作自如；把每个马达线束捋顺，插头接牢固并把线束布置好，不可以露在外面；把中控盒放在主司机侧仪表台下方固定好，把插头接好；最后通过操作主司机马达，其他马达跟着动作即可。

4. 电磁门吸

030316　墙式电磁门吸安装

工艺说明：

安装电磁门吸时，要先将门吸安装在墙上或地面上合适位置，然后将吸板正面与电磁体正面对正贴合，不要留有缝隙，否则会影响磁力。这时再将吸板背面的不干胶贴纸撕下。然后将门打开至碰到吸板背面的贴胶，用力压实贴紧，使门板吸上吸板，再用螺丝紧固即可。

030317　地式电磁门吸安装

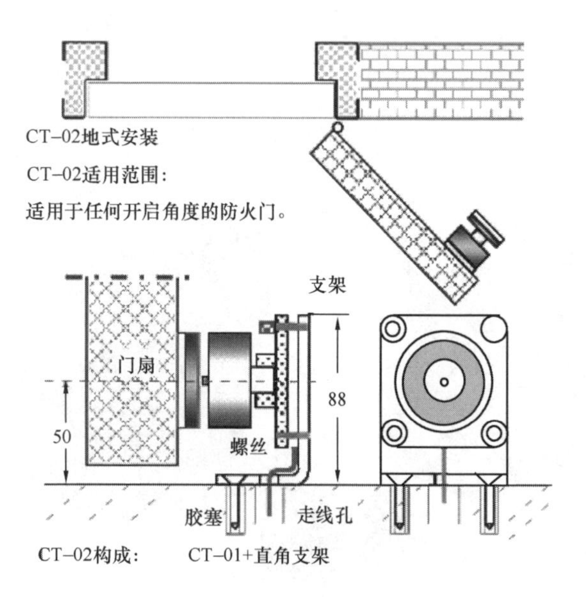

工艺说明：

安装电磁门吸时，要先将门吸安装在墙上或地面上合适位置，然后将吸板正面与电磁体正面对正贴合，不要留有缝隙，否则会影响磁力。这时再将吸板背面的不干胶贴纸撕下。然后将门打开至碰到吸板背面的贴胶，用力压实贴紧，使门板吸上吸板，再用螺丝紧固即可。

第四节　速 通 门 系 统

030401　三辊闸安装

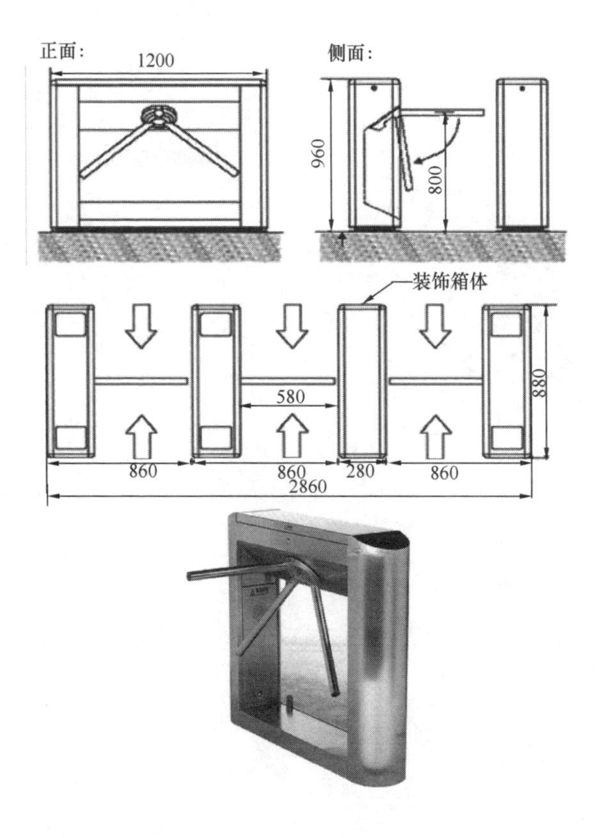

工艺说明:

闸机底座板可以用钥匙打开，里面有 4 个 12mm 的孔。用 4 个 8mm×10mm 的膨胀螺丝固定。

030402 翼闸安装

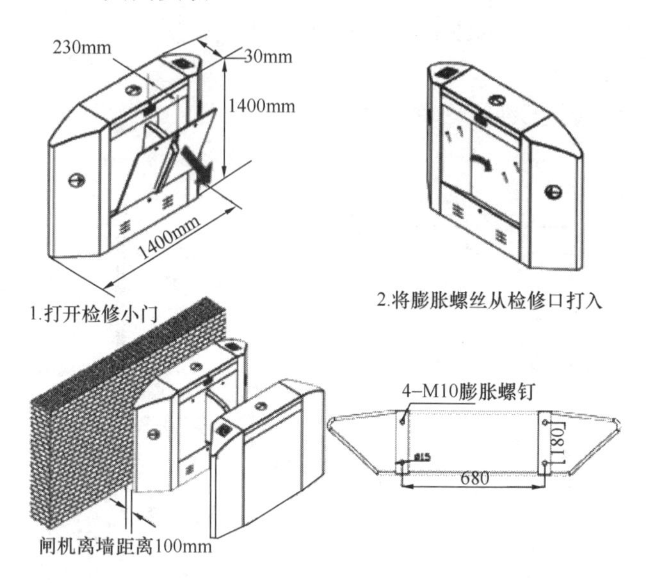

工艺说明：

翼闸安装步骤一：线路预埋

预埋或开挖电缆线沟；在挖好的线路沟里放入适当直径的走线管（PVC 管或钢管），穿入设备所需的电源线和控制线。两台闸机之间布一根 8 芯连机线连机。

翼闸安装步骤二：固定翼闸

首先，使 2 台翼闸上电，使翼运行至关闭状态，然后对齐两台翼闸的翼，使翼在同一直线上，翼与翼之间的距离是 3～5cm；需要测试红外是否对准，等全部功能都调试完毕；在基座的螺丝孔中心和机箱底座边缘在地面上做记号，再移开机箱，在做好记号的螺丝孔上用钻头垂直打孔，大小、深度要符合膨胀螺丝的要求将设备移至原位，打入膨胀螺丝并紧固螺丝即可。

030403　摆闸安装

工艺说明：

线路预埋：

预埋或开挖电缆线沟；在挖好的线路沟里放入适当直径的走线管（PVC管或钢管），穿入设备所需的电源线和控制线。如距离较远，电源线和控制线必须分开走管（2管距离应在50cm以上）；如通道为两台连机使用，则还需要在两台闸机之间布一根网线连机（水晶头两头压线相对）；

固定摆闸：

首先，使2台摆闸上电，使摆臂运行至关闭状态，然后对齐两台摆闸的摆臂，使摆臂在同一直线上，摆臂与摆臂之间的距离是3～5cm；此闸机有加装防夹红外电眼，需要测试红外是否对准，等全部功能都调试完毕，最后再固定机箱。

030404 平移闸安装

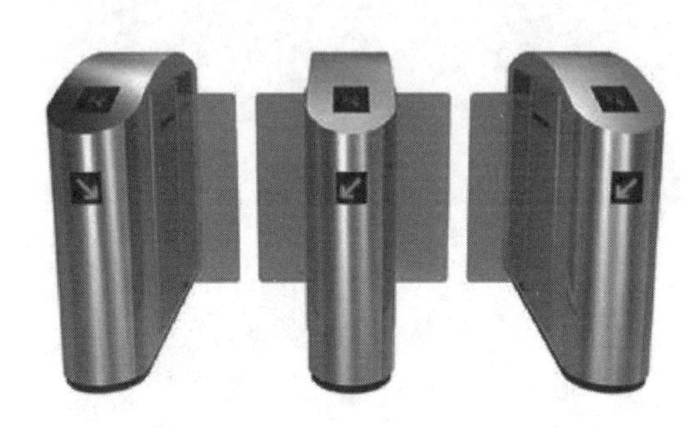

工艺说明：

线路预埋：

在挖好的线路沟里放入适当直径的走线管（PVC管或钢管），穿入设备所需的电源线和控制线。如距离较远，电源线和控制线必须分开走管（2管距离应在50cm以上）；两台闸机之间布一根8芯连机线连机。

固定平移闸：

首先，使2台平移闸上电，使翼运行至关闭状态，然后对齐两台平移闸的翼，使翼在同一直线上，翼与翼之间的距离是3～5cm；需要测试红外是否对准，等全部功能都调试完毕；在基座的螺丝孔中心和机箱底座边缘在地面上做记号，再移开机箱，在做好记号的螺丝孔上用钻头垂直打孔，大小、深度要符合膨胀螺丝的要求将设备 移至原位，打入膨胀螺丝并紧固螺丝即可。

030405　全高闸安装

工艺说明：

按下图所示安装要求，确定安装孔位，在安装位置处预埋 4 个 M12 的地脚螺栓或 4 个 M12 的膨胀螺栓；

将强电电缆和弱电电缆分别用 PVC 线管穿好，用水泥埋在相应的位置；

将底座螺栓孔对准地脚螺栓，拧紧螺栓；

按照系统接线图，将电源线、控制线与闸机主控制板接线插座接好，并接好系统的保护线。

030406 一字闸安装

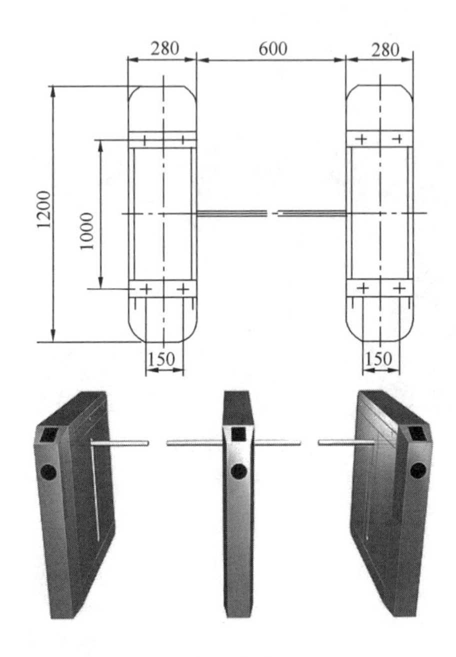

工艺说明：

（1）连接好线缆；

（2）闸机的固定：

根据具体的系统组成、使用现场以及所选用的机型，确定各闸机的安装位置；按安装示意图要求、确定安装孔位，在安装位置处预埋4个M12的地脚螺钉或4个M12的膨胀螺钉；固定闸机时，请先将闸机摆放整齐，检测电眼是否对准。

030407　玻璃栏板安装

工艺说明：

（1）栏板扶手

扶手两端的固定：于墙体或结构柱体，预行在主体结构上埋设铁件，然后将扶手与预件焊接或用螺栓连接；也可采用膨胀螺栓铆固铁件或用射钉打入连接件，再将扶手与连接紧固；扶手的接长：金属扶手的接长均采用焊接，焊接后，须将焊口处打磨修平而后抛光；扶手与玻璃的连接，型钢与金属圆管相焊接。

（2）栏板玻璃

栏板玻璃的块与块之间，宜留出 8mm 的间隙，间隙内注入硅酮胶系列密封胶。

（3）玻璃栏板的底座

固定玻璃：底座部位设两角钢留出间隙以安装固定玻璃，间隙的宽度为玻璃的厚度再加上每侧 3～5mm 缝间距。固定玻璃的铁件高度不宜小于 100mm，铁件的布置中距不宜大于 450mm。安装玻璃时，利用螺丝加橡胶垫或利用填充料将玻璃挤紧。玻璃两侧的间隙也用橡胶条塞紧，缝隙外边注胶密封。

第五节 电子巡查管理系统

1. 无线巡更点

030501 无线巡更点胶粘

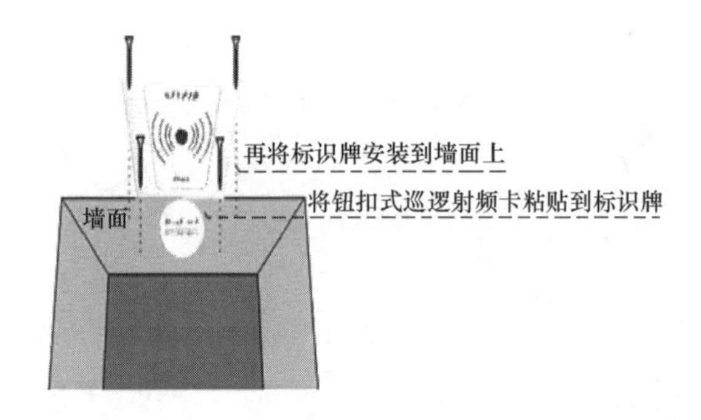

工艺说明：

(1) 射频卡建议安装距离地面 1.3m;

(2) 射频卡安装环境应远离金属和电磁干扰区域，更不能直接安装在金属表面上。

030502　无线巡更点钉装

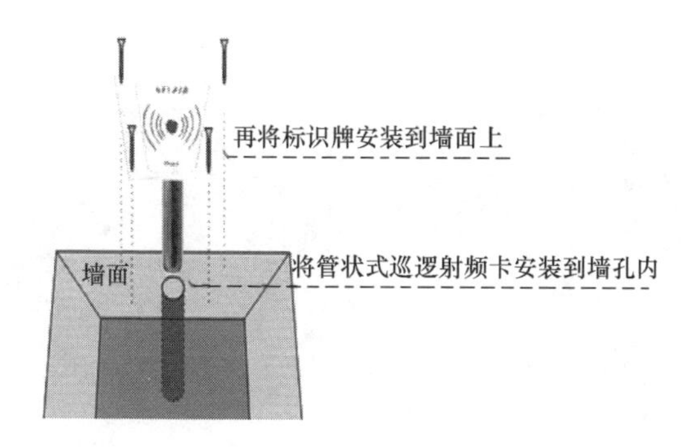

工艺说明：

（1）射频卡建议安装距离地面1.3m；

（2）射频卡安装环境应远离金属和电磁干扰区域，更不能直接安装在金属表面上。

2. 有线巡更点及控制设备

030503 有线巡更点安装

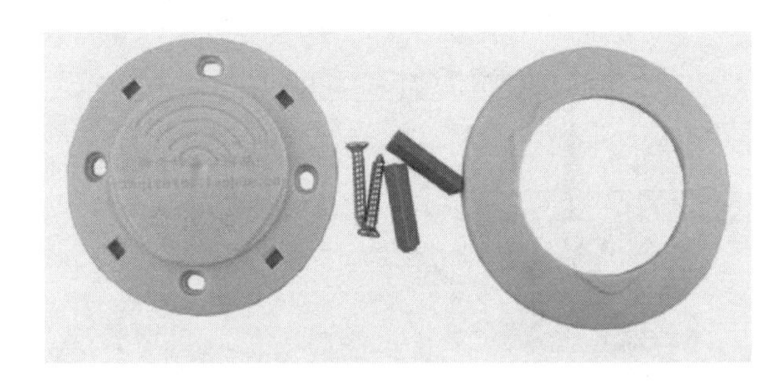

工艺说明：

(1) 首先确定安装点的位置，打开巡更点的封盖，再拿冲击钻钻好对应的四个孔，嵌入胶塞，将自攻螺丝固定，再封上封盖即可；

(2) 记录好每个巡更点所对应的安装地点，(所有的安装点应与电脑系统里巡更点的设置相对应)。

巡检钮安装要求说明：

(1) 建议安装距离地面1.2～1.4m；

(2) 安装环境应远离金属和电磁干扰区域，更不能直接安装在金属表面上。

030504　有线巡更控制器安装

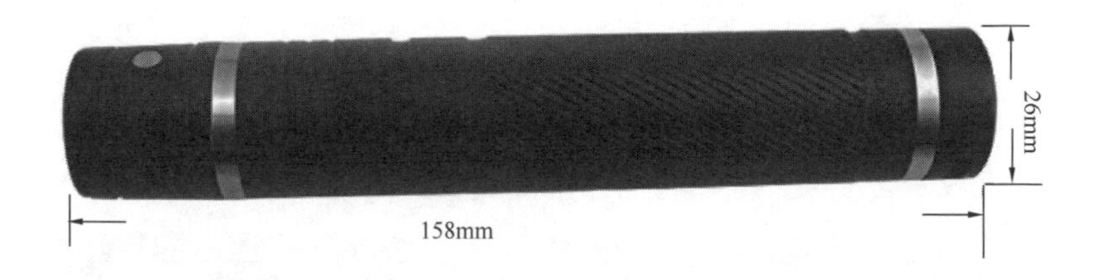

工作原理

巡更系统的组成

巡更机:由巡逻人员携带，读地点钮，记录下巡逻地点时间及情况，形成巡更记录
巡更点：安装在需要巡更的地方，用来标识地点信息（安装前在软件商登记地点名）
人员钮：用于区分巡更人员，一人配一个
通信线：连接巡更机与电脑，用于采集巡更机内的巡更记录到软件
管理软件：用于管理考核巡更人员的巡更情况，可进行查询，统计，导出报表，打印等

工艺说明：

(1) 用产品匹配的通讯线将巡检器与电脑连接好，点击上述界面右下角的〈检测通讯端口〉按钮，按巡检器开机键开机，屏幕的右下角提示；

(2) 再次按一下开机键，巡检器屏幕上显示{0000}证明与电脑通讯成功，几秒钟内软件将自动检测出通信座的通信接口，点击〈确定〉按钮即可；

(3) 用产品匹配的通讯线将通讯座与电脑连接好，点击上述界面右下角的〈检测通信端口〉按钮，几秒钟内软件将自动检测出通信座的通信接口，点击〈确定〉按钮即可。

第六节　汽车库（场）管理系统

1. 探测器

030601　超声波探测器吊装

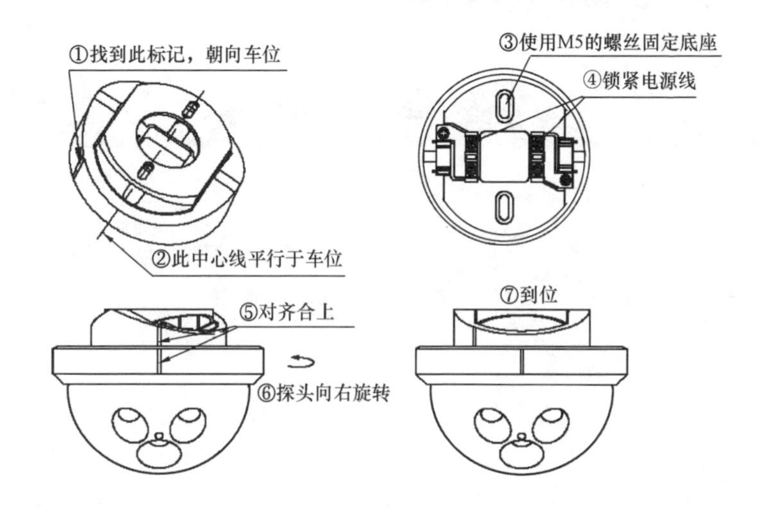

工艺说明：

找到底座上的竖形标记，将此标记朝向车位方向，底座中心线平行于车位放置在 86 盒上；将底座用 M5 的螺丝固定在 86 底盒上，锁紧电源线。将底座和超声波探头上两个标记对齐合上，超声波探头向右旋转一定角度直到扣紧合拢。

030602　红外探测器吊装

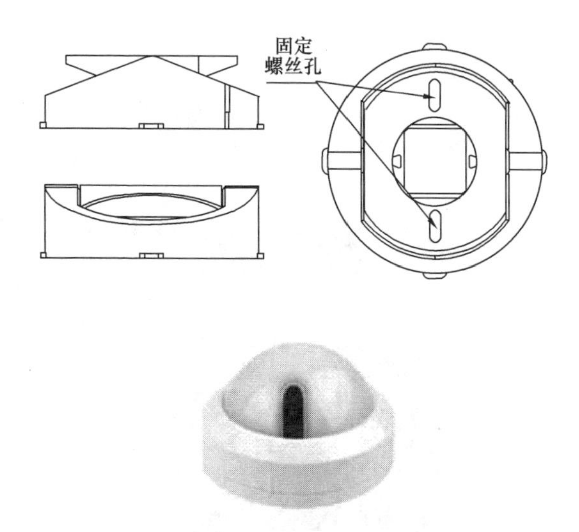

工艺说明：

先将探测器和底座按逆时针方向旋转打开外壳；对应基座上的孔点标示对应在相应位置上打孔；从后槽将线引入基座并用两枚螺丝将基座固定在相应位置上；将基座内的线接入探测器，并把探测器卡入基座顺时针方向旋转至基座卡槽的最底部即可。

2. 视频探测器

030603 视频探测器吊装

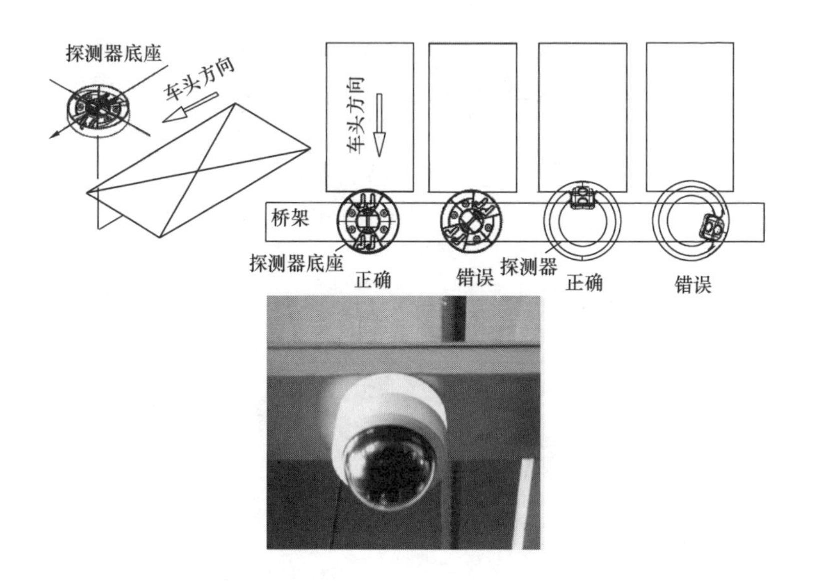

工艺说明：

桥架的吊装位置应当选择在车库车辆行驶道路的上方距离地面 2.5m 高，车道分向行驶标志线（白线）正上方。如有不规则车位（特殊的停车位）桥架应当选择在水平距离车位前方 3m，垂直距离地面高度为 2.5m 处安装桥架，视频探测器能看见车牌。

030604　视频探测器壁装

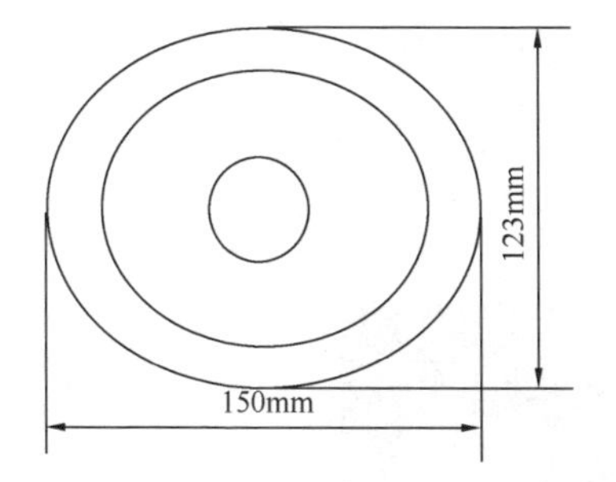

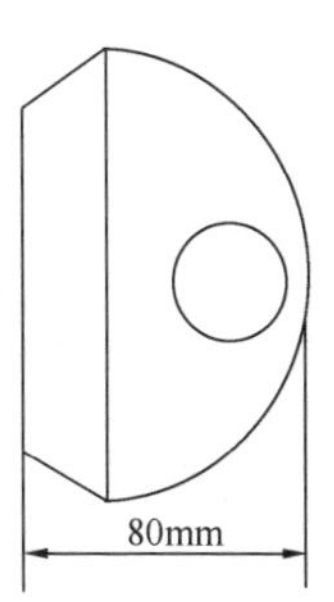

工艺说明：

先将探测器和底座按逆时针方向旋转打开外壳；对应基座上的孔点标示对应在相应位置上打孔；从后槽将线引入基座并用两枚螺丝将基座固定在相应位置上；将基座内的线接入探测器，并把探测器卡入基座顺时针方向旋转至基座卡槽的最底部即可。

3. 车位指示灯

030605 车位指示灯吊装

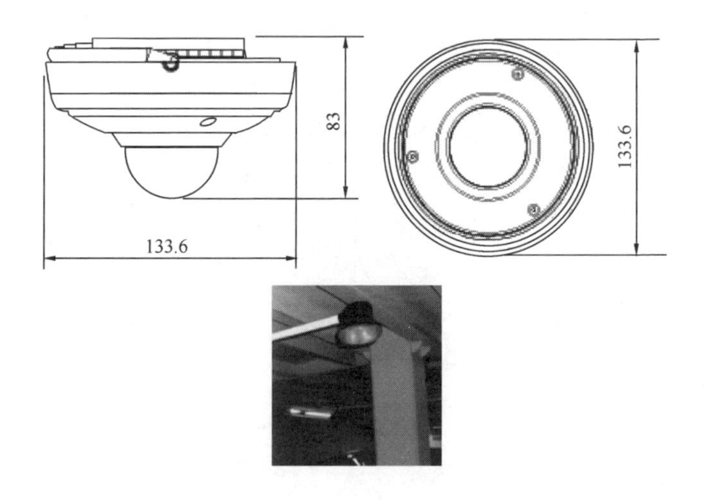

工艺说明：

车位指示灯直接从车位探测器上接线，同一侧同一排的车位指示灯处于同一水平线上，高度同探测器，对每个车位的占用或空闲状况进行可靠检测。车位指示灯安装完毕后先不锁上，测量节点处＋24V，GND，A、B是否存在短路，排除短路后方可上电，节点搜索到所有探测器且车位灯能正常红绿变化后，断电锁好探测器和车位指示灯。

4. 引导显示屏

030606　引导显示屏吊装

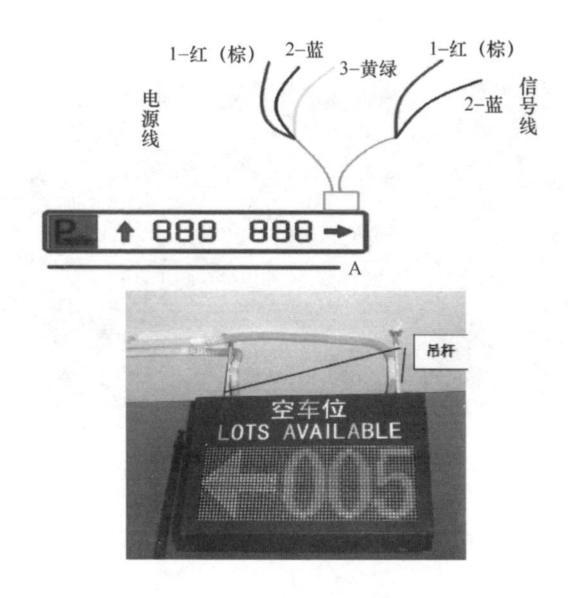

工艺说明：

使用角钢进行吊装，安装于车场拐弯处；安装高度不得低于车场内限高高度。

030607 引导显示屏壁装

工艺说明：

首先，在贴墙式显示屏与墙体连接的挂架螺丝孔对应位置的墙体上打眼，然后安装膨胀螺丝，接着将挂架挂在螺丝上后用螺母将其拧紧固定好。显示器按照与墙面连接的挂架位置在其背部预留的对应位置的孔连接带卡扣的螺丝，连接完成后将卡扣对准墙壁上的挂架卡孔插入卡紧即可。

5. 车位显示屏

030608　车位显示屏吊装

工艺说明：

使用角钢进行吊装，安装停车场入口；安装高度不得低于车场内限高高度。

030609 车位显示屏壁装

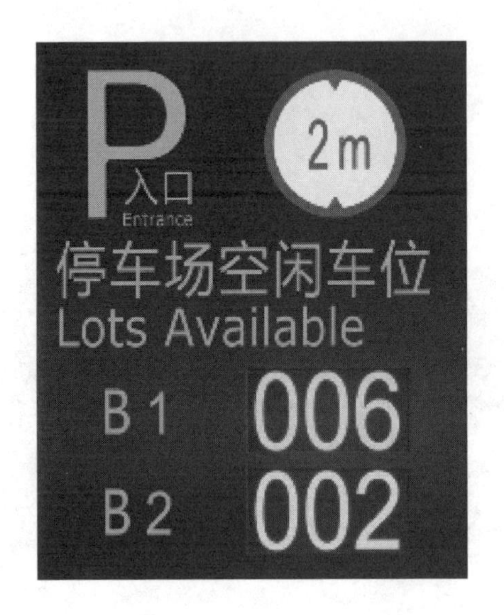

工艺说明：

首先，在贴墙式显示屏与墙体连接的挂架螺丝孔对应位置的墙体上打眼，然后安装膨胀螺丝，接着将挂架挂在螺丝上后用螺母将其拧紧固定好。显示器按照与墙面连接的挂架位置在其背部预留的对应位置的孔连接带卡扣的螺丝，连接完成后将卡扣对准墙壁上的挂架卡孔插入卡紧即可。

030610　车位显示屏落地安装

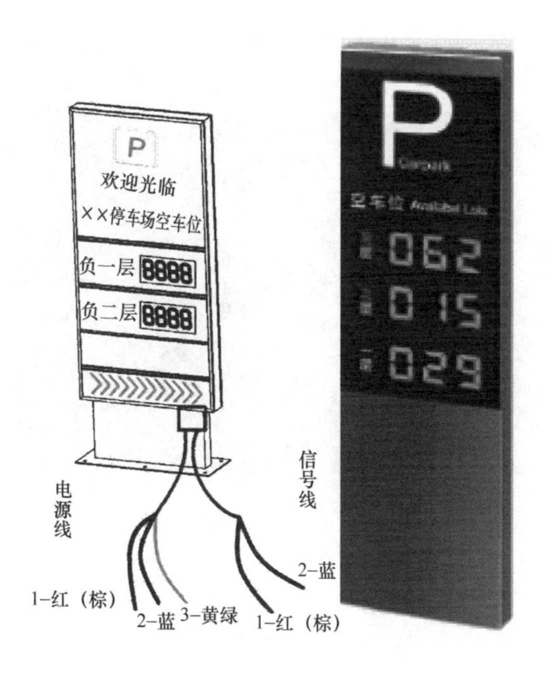

工艺说明：

安装在车场的每个入口，用于显示停车场内的车位信息，落地安装，连接好线缆即可。

6. 控制设备

030611 有线探测管理器安装

工艺说明：

做好立柱基础，并立3m高的立柱或者有线探测管理器直接安装在墙壁上；用抱箍将有线探测控制器安装底板，牢牢固定在离地面的2.2～2.5m处；固定好探测管理器，并将预留的线敷设到有线探测管理器上；将控制器箱体防水胶条整理好放回箱体槽内，关闭锁紧箱体，以防漏水。

030612　无线探测管理器安装

工艺说明：

做好立柱基础，并立3m高的立柱；用抱箍将无线节点控制器安装底板牢牢固定在立柱离地面的2.2～2.5m处，配套的八木天线固定在2.2～3.0m处；固定好无线节点控制器，并将预留的线敷设到无线节点控制器内。如果进线处线径过小，宜采用电工胶布包多几层，让进线锁母锁紧为止，八木天线通过航空插头插接到对应插座上；将无线节点控制器箱体防水胶条整理好放回箱体槽内，关闭锁紧箱体，以防漏水。

030613　视频探测管理器安装

工艺说明：

做好立柱基础，并立3m高的立柱或者视频探测管理器直接安装在墙壁上；用抱箍将视频探测控制器安装底板，牢牢固定在离地面的2.2～2.5m处，固定好探测管理器，并将预留的线敷设到视频探测管理器。如果进线处线径过小，宜采用电工胶布包多几层，让进线锁母锁紧为止；将控制器箱体防水胶条整理好放回箱体槽内，关闭锁紧箱体，以防漏水。

030614　车位引导控制器安装

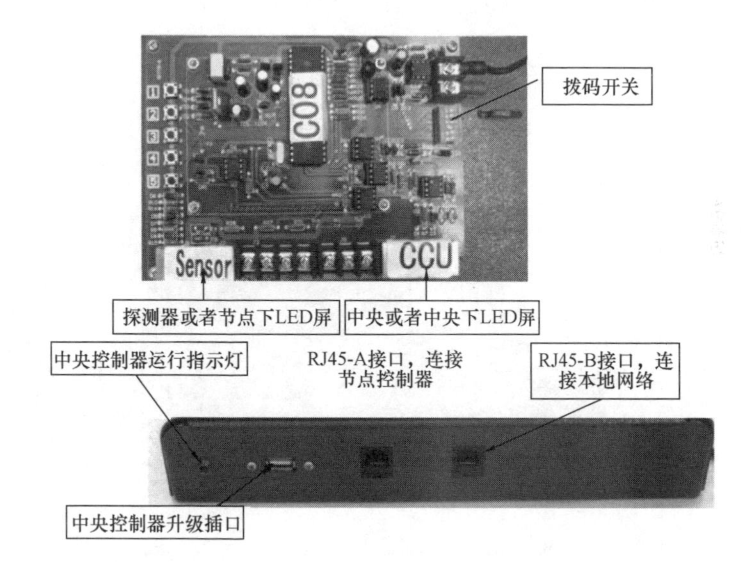

工艺说明：

依照上图的接线说明连接好线路，再上电即可使用。

第七节　无线对讲系统

1. 中继台

030701　中继台安装

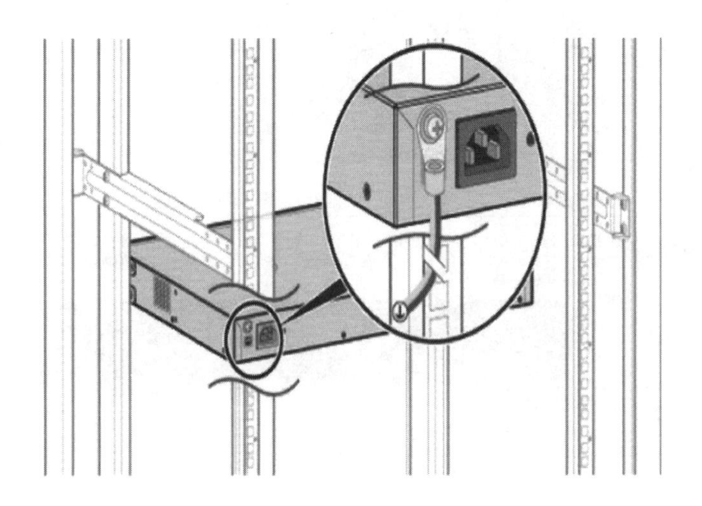

工艺说明：

将设备安装到机架或机柜内。机柜和机架必须设有导轨和孔间隔，终端固定：用机柜专用螺丝将数字中继台固定在机柜上；终端连线：将电源线、馈线正确连接。

2. 天线及避雷器

030702　室内定向天线安装

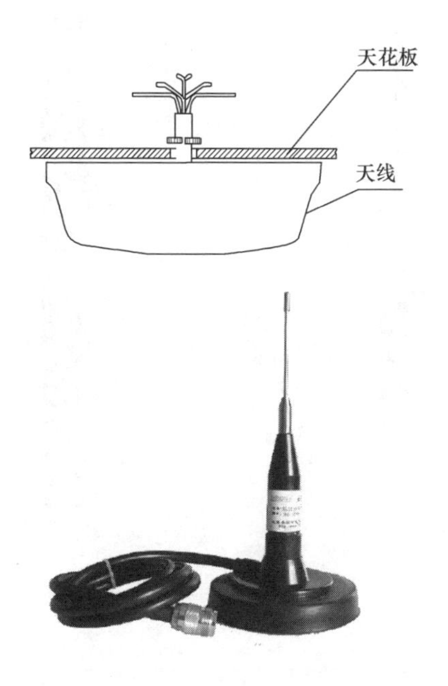

工艺说明：

拧开天线底座，天线底座内有磁条，可直接吸附在带有金属的天花板上，固定好位置，拧紧天线。

030703 室外全向天线安装

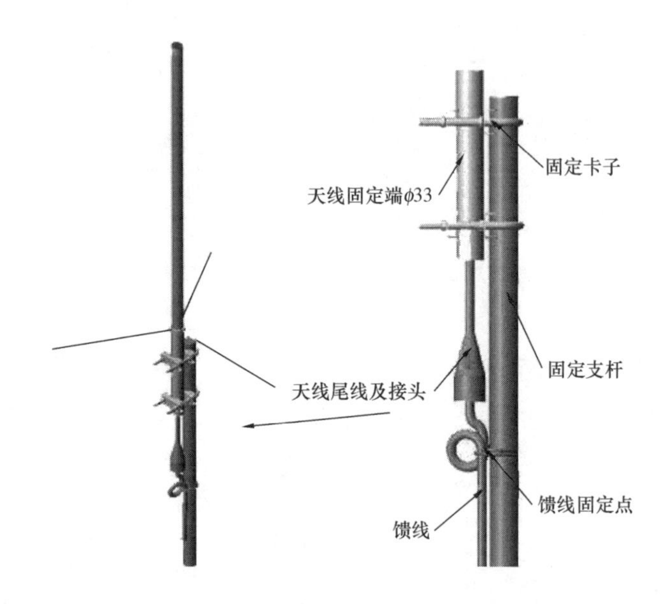

工艺说明：

天线安装：天线必须牢固地安装在其支撑件上。天线与跳线的接头应作防水处理，连接天线的跳线要求做一个“滴水弯”，“滴水弯”处套管的最低处需开出水孔（防止套管内积水）。连接天线的跳线要求有10～15cm直出。室外馈线应采用套管（PVC或者铁管等）保护。

天线的支撑件：天线的各类支撑件应结实牢固，铁杆要垂直，横杆要水平，所有铁件材料都应作防锈处理，施工天线支架的螺丝（包括膨胀螺丝、避雷针连接螺丝、接地螺丝等）必须进行涂防锈漆，防水防锈。

030704　避雷器安装

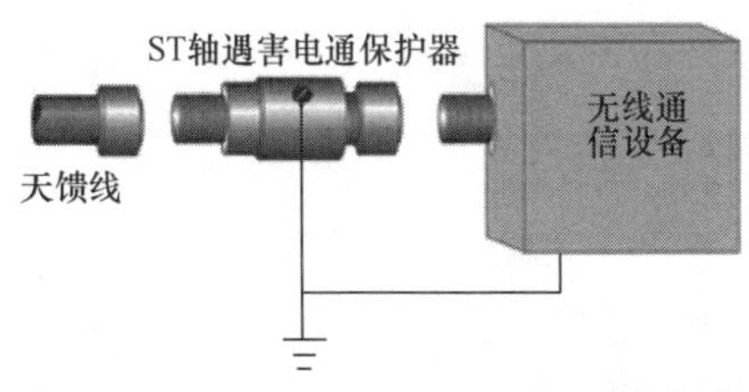

工艺说明：

避雷器安装位置靠近中继台，避雷器两端口不分极性，可随意串接在同轴电缆上。避雷器上配备的接地线（黑色），可与建筑物的防雷地相联，若当地土质湿度较大时，要单独用角钢设置接地点，或在条件不具备时，要接在供水系统的金属管道上。

第八节　一卡通系统

1. 考勤机

030801　指纹式考勤机壁装

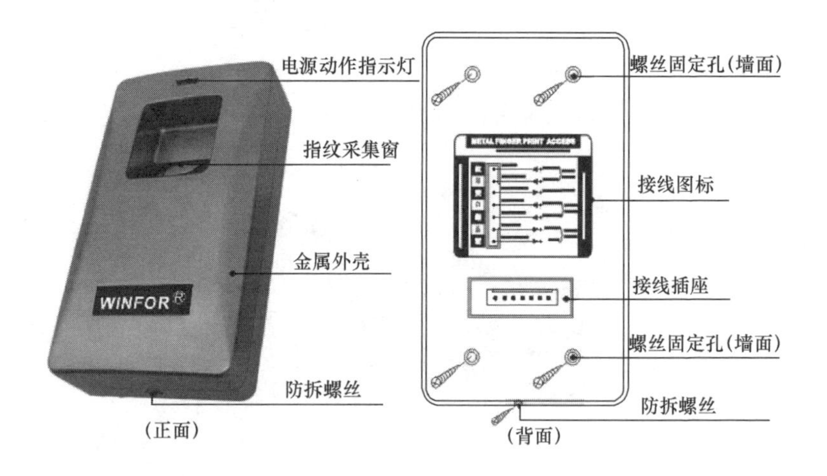

工艺说明：

(1) 将定位纸直接贴在墙上，在标记处打孔；

(2) 将膨胀螺管插入孔内，把膨胀螺丝从膨胀管中取出；

(3) 使固定支架对准孔放好，使膨胀螺丝穿过固定支架的4个孔拧入膨胀螺管中；

(4) 固定支架用膨胀螺丝固定在墙上以后，将考勤机挂在固定支架拧上螺丝即可。

030802　脉冲式考勤机壁装

工艺说明：

先依照固定铁板（随机标配）的螺丝孔位，在要挂考勤机的墙壁区域定位好四个孔。打孔：然后用工具分别把定位好的四个孔位分别打成合适的孔（孔的大小要和标配的螺丝吻合）。固定铁板：将固定铁板放到打孔区域的合适位置，再分别将螺丝订入孔位内，并紧固。挂机：将考勤机挂到固定铁板上。开机：这时将电源线（或变压器）插头的一端插到考勤机的电源接口，另一端插入 220V 电源插座，按⊙开启考勤机即可开始使用。

030803 一体式考勤机壁装

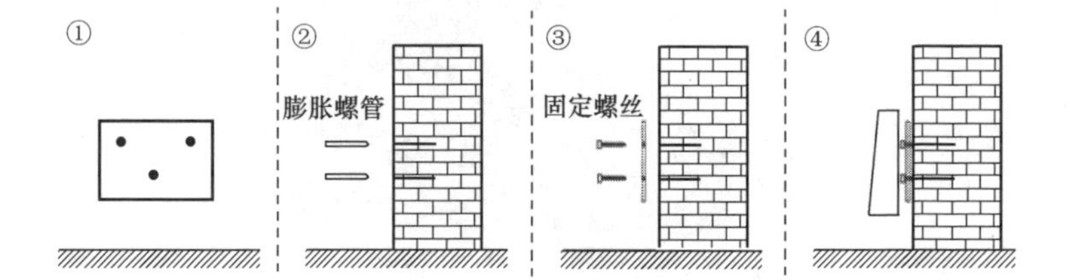

工艺说明：

先依照固定铁板（随机标配）的螺丝孔位，在要挂考勤机的墙壁区域定位好四个孔。打孔：然后用工具分别把定位好的四个孔位分别打成合适的孔（孔的大小要和标配的螺丝吻合）。固定铁板：将固定铁板放到打孔区域的合适位置，再分别将螺丝订入孔位内，并紧固。挂机：将考勤机挂到固定铁板上。开机：这时将电源线（或变压器）插头的一端插到考勤机的电源接口，另一端插入 220V 电源插座，按⊙开启考勤机即可开始使用。

030804　人脸识别考勤机壁装

工艺说明：

（1）首先在墙上张贴开孔图（粘贴时保持箭头方向向上，且边缘距地面 110cm），按开孔图的提示在墙壁上钻四个螺丝，并将配件中的膨胀胶塞钉入钻孔中用于固定支架，然后根据支架安装位置布线。

（2）将布好的电源线、网线等从支架上的出线孔穿出来，然后移动支架，让指甲上的四个孔同墙壁上开的孔位置对齐，然后用配件中的自攻螺丝将支架固定于墙上。

（3）将电源线、网线等按照终端背面标示分别接入对应的接口位。

（4）将终端背面的支架插槽对准指甲上的支架/壳体挂钩并插入，让卡槽与挂钩互相卡稳，然后将支架与终端底部的支架/机身螺丝孔用螺丝拧紧。

（5）将底座同支架通过支架/底座螺丝固定后，再将支架与终端通过底部的支架/机身螺丝孔用螺丝拧紧即安装完成。

2. 消费机及控制设备

030805 消费机安装

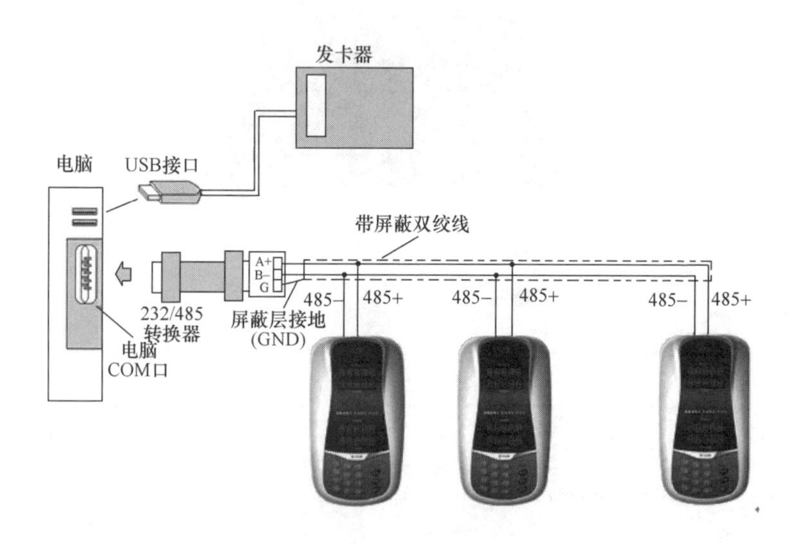

工艺说明：

将232/485转换器配套的串口通信线一端的串口接在电脑主机上，将九针串口通信线的水晶头接头接在232/485转换器的RS-485/422端口上；将消费机的通信线的水晶头接头接在232/485转换器的RS-232通信端口中，然后摆放在桌面即可。

030806　控制器安装

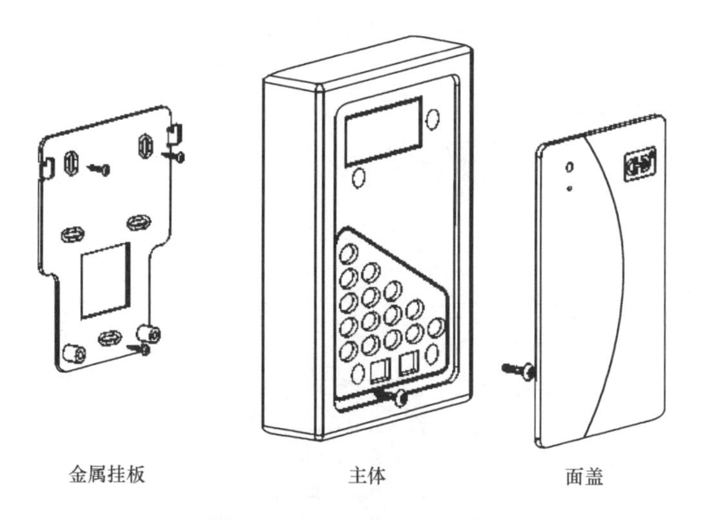

金属挂板　　　主体　　　面盖

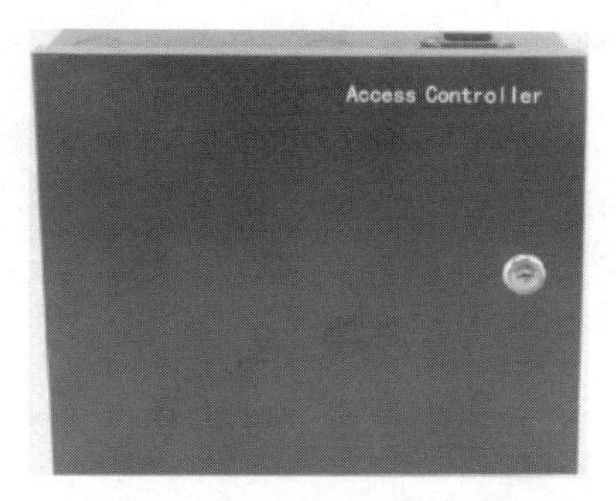

工艺说明：

（1）将控制器铁盒水平摆在需要安装的墙面高度上，并在墙面上按铁盒四个安装孔做好打孔标记。

（2）在做好标记的安装孔墙面上，用冲击钻打出四个安装孔，并打上安装橡胶塞。

（3）将铁盒摆正，拧上四枚固定螺丝，将铁盒固定牢固。

第九节　五方对讲系统

1. 电话机

030901　轿厢通话器安装

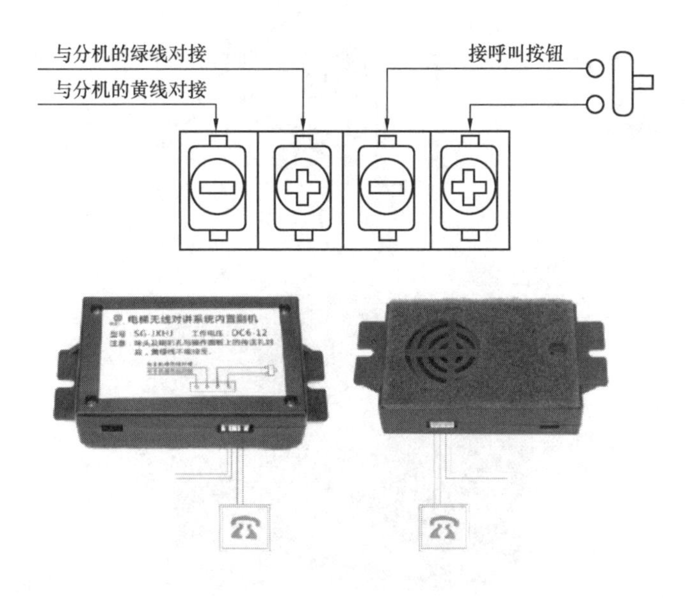

工艺说明：

打开电梯轿厢的操作面板，先将黄绿线接入（和分机相连接的）随行电缆，再将两条红线接入呼叫按键的两个接线柱，然后将轿厢通话器用螺丝钉固定到操作盘背面，要求轿厢通话器安装稳固，喇叭与麦克风与电梯传声孔相对应，两者之间不能有任何屏蔽物和间隙。

030902　轿箱电话机安装

工艺说明：

测量好电话机背后螺丝位置。在合适位置的墙上做好标记。在标记上打眼。放入膨胀螺丝。电话机的眼位对准膨胀螺丝眼，上螺丝，拧紧。

030903 机房电话安装

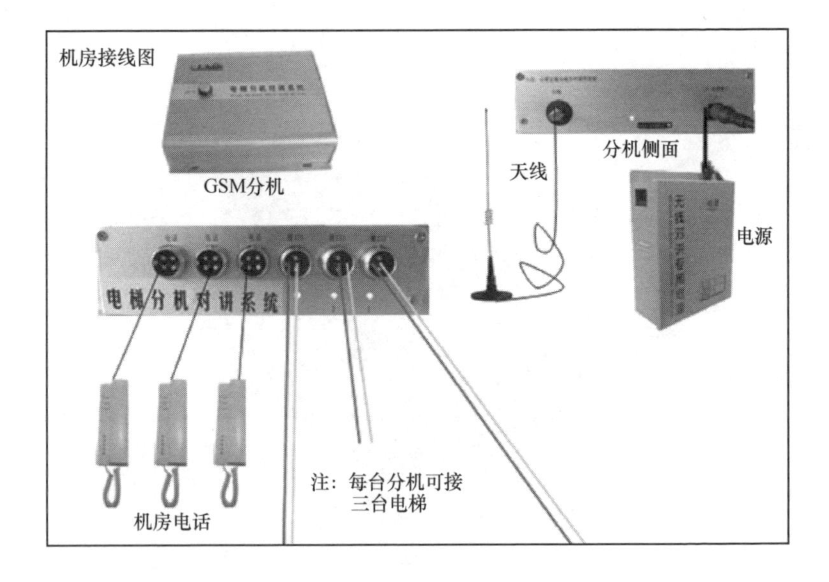

工艺说明：

将机房电话接入电梯分机对讲设备箱中即可。

030904 总线对讲主机

工艺说明：

总线对讲主机安装在适当位置。天线头尽量安装在室外空旷处，同轴电缆必须拉直不能打折，同轴电缆连接头同对讲主机天线插口连接。把 12V UPS 电源插在对讲主机电源接口上，打开电源，观察电源上的指示灯是否变亮，总线对讲主机侧面的指示灯是否变亮，都已变亮表面对讲主机处于正常工作状态，拿起话筒就可以和各电梯进行通话了。

2. 控制设备

030905　UPS 电源安装

工艺说明：

安放 UPS 的机架组装应横平竖直，水平度、垂直度允许偏差不应大于 1.5‰，紧固件应齐全；

引入或引出 UPS 装置的主回路电线、电缆和控制电线、电缆应分别穿保护导管保护；

电缆接头制作：封闭严密，填料灌注饱满，无气泡，芯线连接紧密，绝缘带包扎紧密，表面光滑，无裂纹，锥体坡度均匀。电缆头安装、固定牢靠、相序正确、标志准确清晰。UPS 输出端的中性线（N），必须与接地装置直接引来的接地干线相连接，做重复接地；引入或引出 UPS 的电缆屏蔽护套应接地连接可靠，与接地干线就近连接，紧固件齐全。电池柜根据要求安装牢固，电池连线正确，可靠，电池线标注清晰。

第十节　周界防范系统

1. 中心设备

031001　报警主机安装

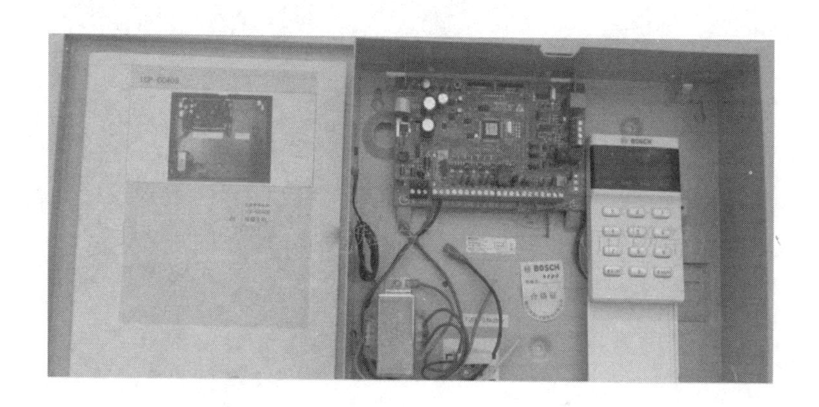

工艺说明：

报警主机应安装在适当的高度，便于接入交流电源，电话线和地线的位置上，以方便所有操作人员进行操作。

以机箱上拆下电路板，防止在敲击预制孔时损坏电路板。

敲开机箱上的预孔。

在墙面上标出安装螺丝孔位。

装上机箱，将电缆穿过预制孔。

装入电路板，要注意在电路板的左下角上地线焊片。

再将接线片连接到机箱门下部合页处，使箱门接地。

031002　报警主机机箱安装

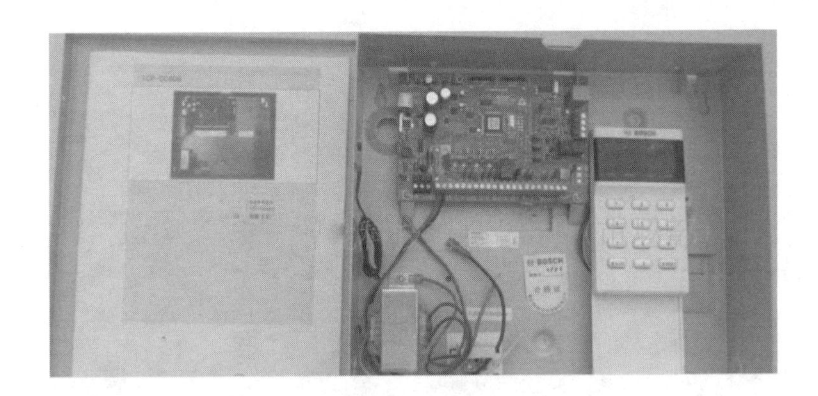

工艺说明：

(1) 报警控制箱安装位置、高度应符合设计要求，安装于较隐蔽或安全的地方，底边距地宜为1.4m。

(2) 暗装报警控制箱时，箱体框架应紧贴建筑物表面。严禁采用电焊或气焊将箱体与预埋管焊在一起。管入箱应用锁母固定。

(3) 明装报警控制箱时，应找准标高，进行钻孔，埋入金属膨胀螺栓进行固定。箱体背板与墙面平齐。

(4) 报警控制箱的交流电源应单独敷设，严禁与信号线或低压直流电源线穿在同一管内。

2. 前端设备

031003　红外对射探测器安装

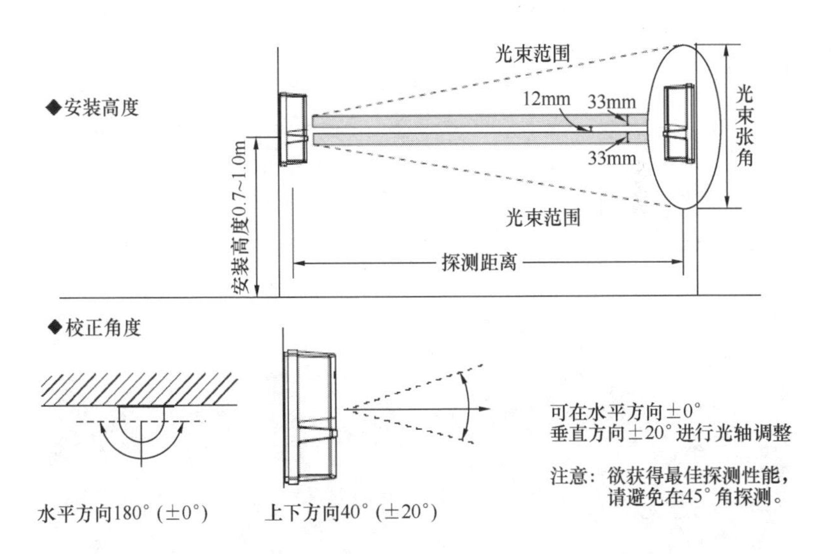

工艺说明：

首先，松开锁盖螺丝并卸下前盖；将附带的安装孔对位图纸粘贴在目标墙上，按其孔位打 2 个安装孔；将膨胀管砸入两个安装孔内并安装附带螺丝使其固定；穿线：取出海绵塞，将预埋线从安装孔内穿出，适当留取约 10cm 线长，以备接线，再把海绵塞塞入原位；端口连接并射束校正；检查操作，最后装回前盖并拧紧锁盖螺丝。

031004 立式光栅探测器落地安装

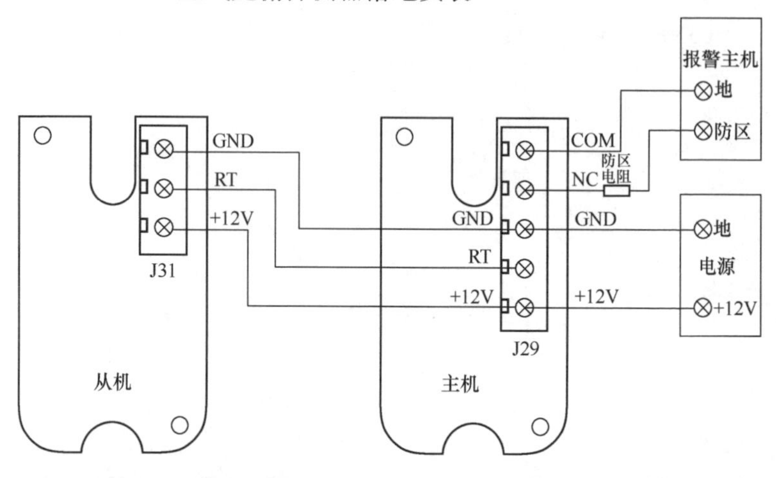

工艺说明：

首先，将四个安装座安装孔位分别在安装面上作上标识，保证发射接收互相对准、平行；红外互射光栅探测器有接线柱的一端为安装下端，另一端为上端；将红外互射光栅的上、下固定孔位用高度定位螺钉拧紧在钢型材支架的安装槽内；将线经红外互射光栅下固定孔位进线口穿进连接在探测器接线柱相应的孔位；连接电源线；将发射端与接收端安装座上紧固螺丝拧紧，然后将上下安装座防护盖盖好，用干净布清洁红外光栅外壳，确保光线的透光性。

031005　互射式红外光束探测器安装

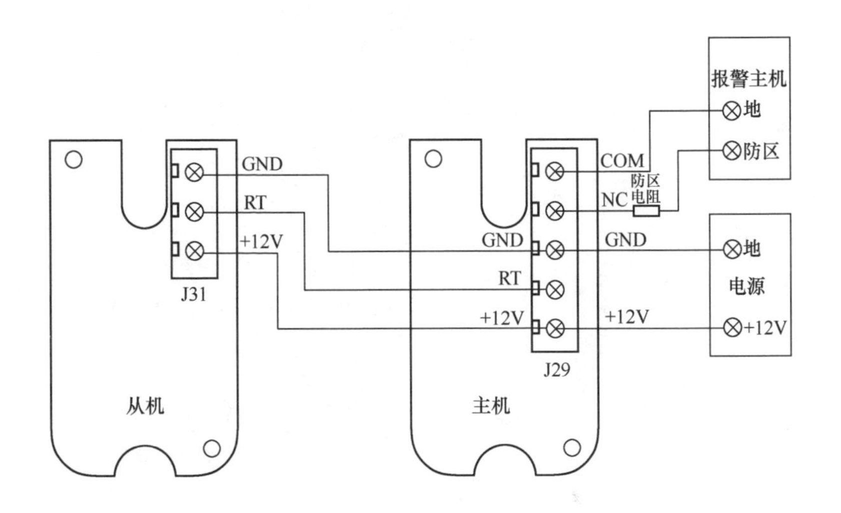

工艺说明：

选择一个合适的不会遮挡光路的位置安装发射器及接收器。探测器必须垂直安装，墙壁很可能貌似平滑，实际存在凹凸或因外界温度（如雨季、冬季）的变化发生变化。安装者必须保证探测器不能受这些环境的影响。

使用随机配套的滤光片进行火灾报警测试。当使用滤光片进行遮挡时，延迟 10s 左右探测器发出火灾报警信号，探测器下方的红色报警灯亮。

031006 立式红外光墙安装

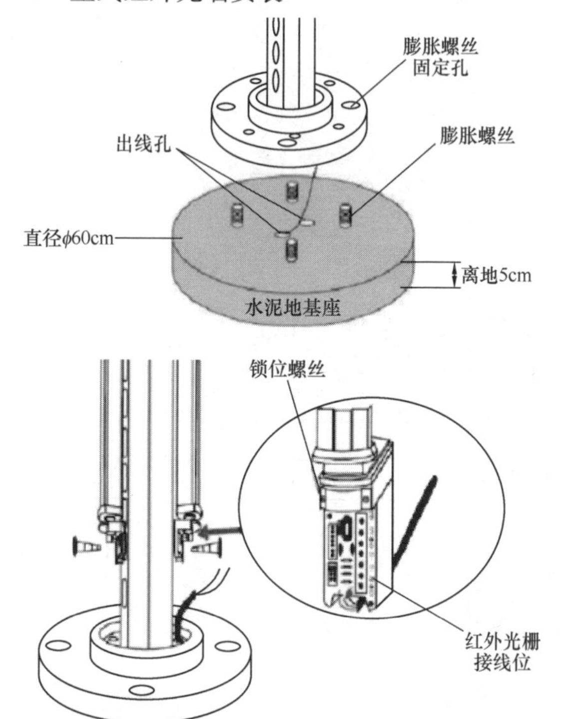

工艺说明：

（1）确定好安装高度。注意：安装时红外互射光栅探测器有接线柱的一端为安装下端，另一端为上端，不能上下颠倒安装（尽可能离底盘高些，以避开雨水浸入）。

（2）将红外互射光栅的上、下固定孔位用高度定位螺钉拧紧在钢型材支架的安装槽内；注意拧入力度不能太大，以免划丝。

（3）将线经红外互射光栅下固定孔位进线口穿进连接在探测器接线柱相应的孔位。

（4）把上、下管塞盖盖好，用干净布清洁红外光栅外壳，确保光线的透光性。

031007　电子围栏安装

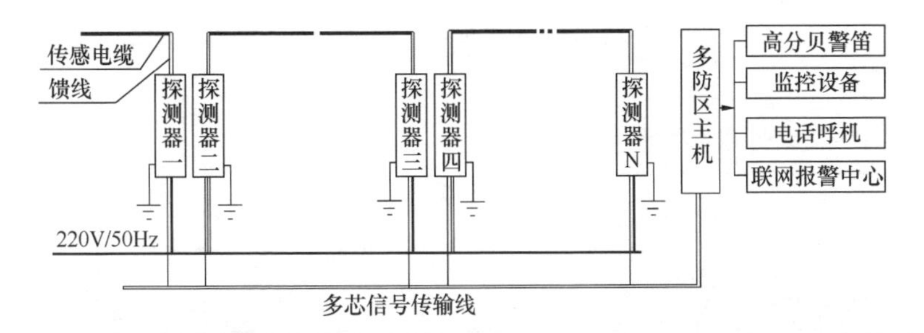

工艺说明：

(1) 电缆敷设；

(2) 线缆连接；

(3) 馈线与电缆的连接。

031008　泄漏电缆安装

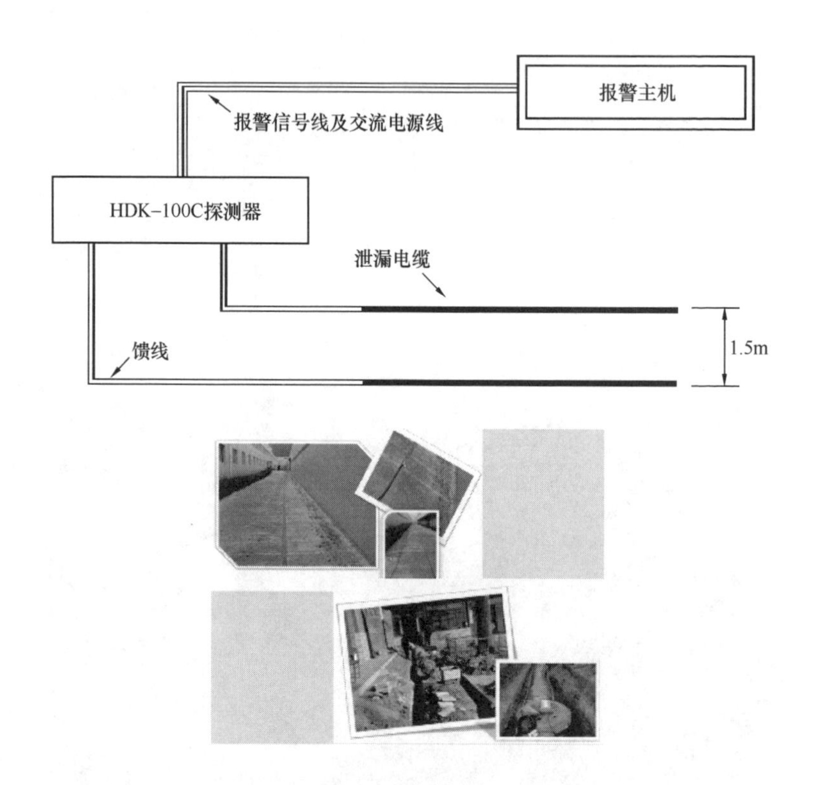

工艺说明：

（1）馈线与泄漏电缆的连接；

（2）泄漏电缆与泄漏电缆的连接；

（3）泄漏电缆的敷设。

单机的警戒区域边界长为100m，两根泄漏电缆平行安置间距为1～3m（建议1.5m），埋设深度可根据介质情况而定：一般水泥地埋深3～7cm，泥土地埋深10cm左右。

3. 传输设备

031009　双防区模块安装

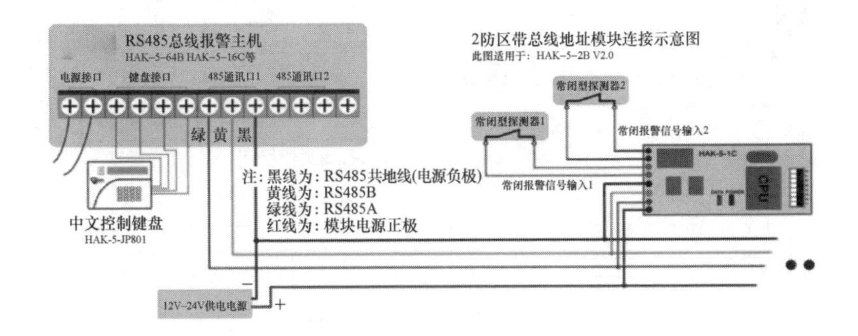

工艺说明：

接线说明：如果和报警主机共用电源，将“红、绿、黄、黑”4芯线分别与主机的“红、绿、黄、黑”4端子相连；如果和报警主机不共用电源，将“绿、黄、黑”3芯线分别与主机的“绿、黄、黑”3端子相连，将“红、黑”2芯线与自己的电源正、负极相连。

031010 单防区模块安装

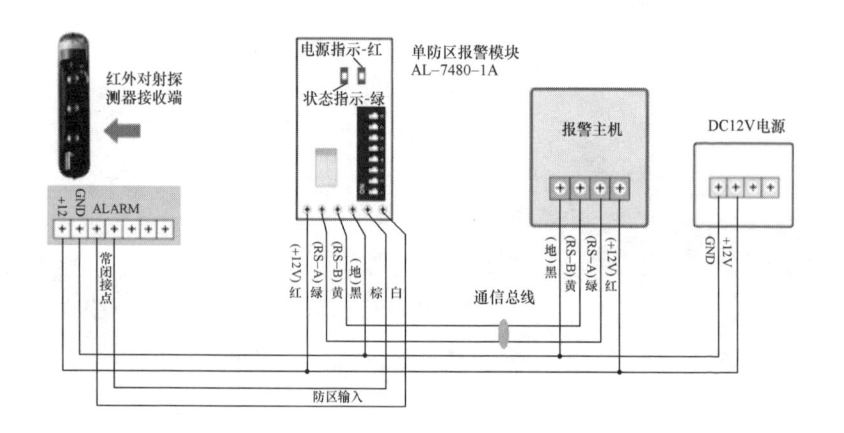

工艺说明：

RS485总线均使用大于2×1.0mm之屏蔽双绞线进行布线；MT1-1连接到模块中的RS485总线上的单段距离长度应小于1200m；模块中的单条RS485总线在布线时应尽量避免分支布线；每个模块最多可以连接120个RS485终端设备；同一个模块下的MT1-1或其他的RS485终端设备地址不能重复；当MT1-1为RS485总线的末端设备时，RS485A和RS485B之间应并联一个120Ω的终端电阻。

031011　网络接口模块安装

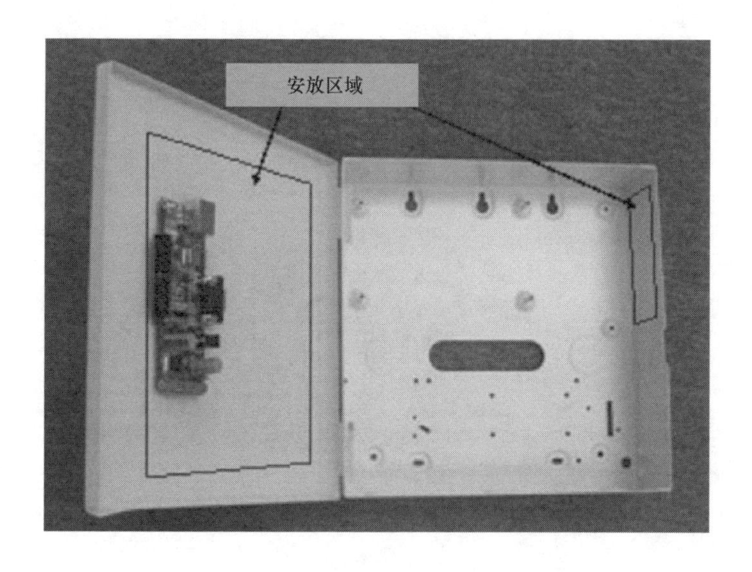

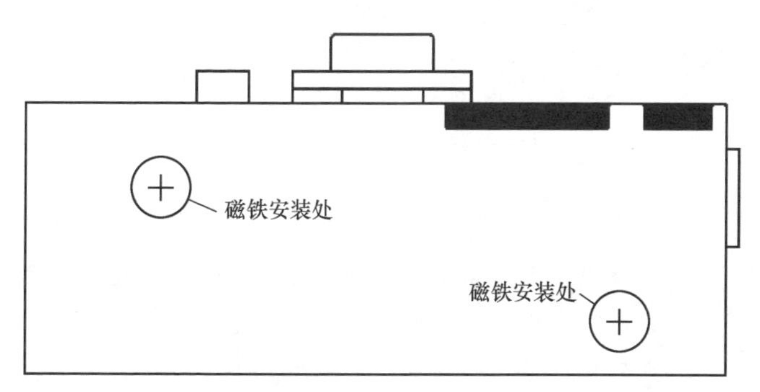

工艺说明：

将磁铁安装在模块背面磁铁安装处，再吸附在控制箱侧面即可。

031012　总线扩展模块安装

工艺说明：

（1）使用左上角和右下角的安装孔，可将模块安装于控制主机内或主机外。

（2）连接主机内的模块和远程装置与模块。

注：布线前，应确保所有导线未通电。

（3）如果导线要穿过外壳后面板的话，则打开模块的后面板导线入口；如果要沿着外壳表面布线的话，则打开模块的表面导线入口。

（4）将模块的电源接点与模块的多路电源端子连接；将模块的总线接点与模块的多路总线端子连接。

第十一节　车辆拦截系统

1. 进出口闸机

031101　栅栏挡车器安装

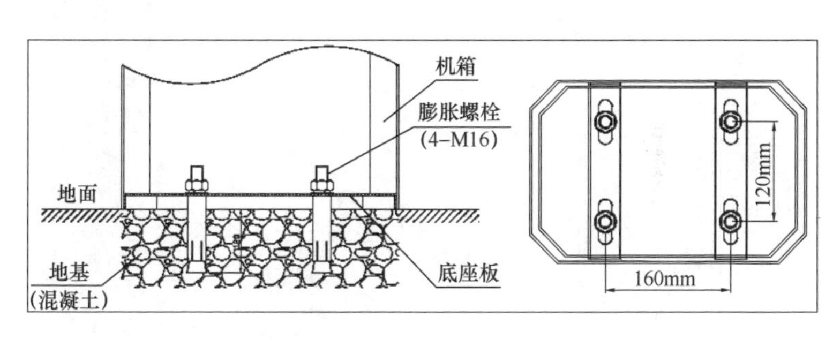

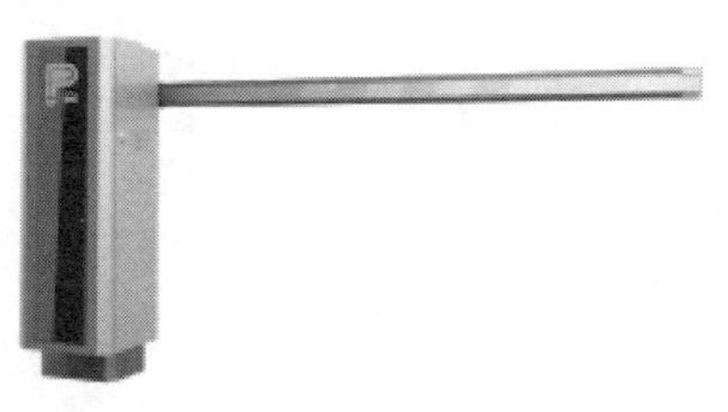

工艺说明：

闸机固定：用铅笔在固定孔上画好固定螺丝的位置，将道闸移开用 ϕ14 的冲击钻头打好固定螺丝，再用 ϕ12 膨胀螺丝固定闸机，每个螺丝上一定要加装垫片和簧垫。

闸机接线：尺量线到机箱接线端子长度，除安装所需的长度，另外留出 1m 余量的线；用压线钳把套上线鼻子的线压好，再把压上线鼻子的线依照接线图接到机箱端子上；安装闸机一定要将电源与控制线、通信线分开布设在 ϕ25 的 PVC 线管。

031102 出入口控制机安装

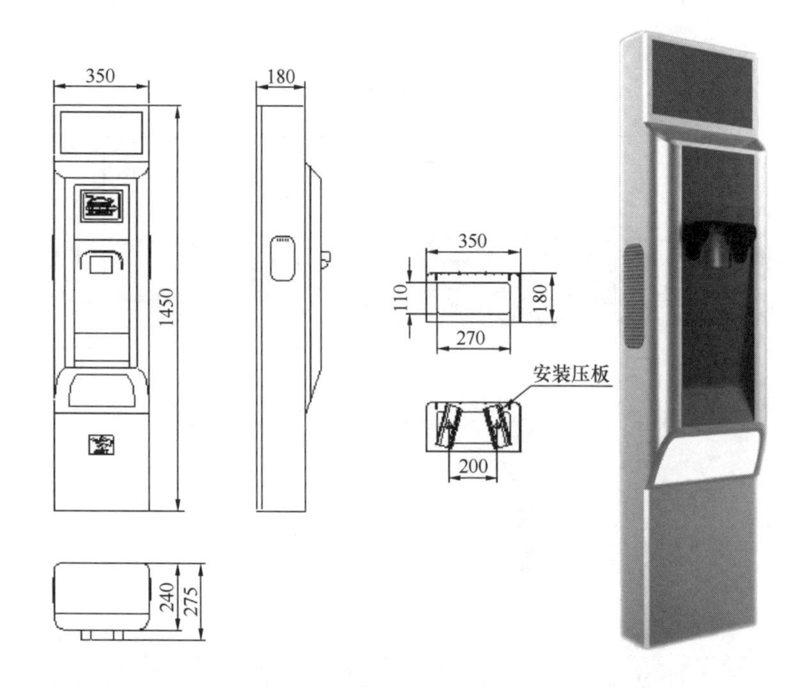

工艺说明：

采用压板安装固定，打地脚安装孔时尽量在宽度方向的中间位置，长度方向两地脚螺栓距离控制在200mm左右，既保证安装牢固可靠，又能为控制机预留一定的旋转调节角度。

2. 识别设备

031103　抱杆式摄像机安装

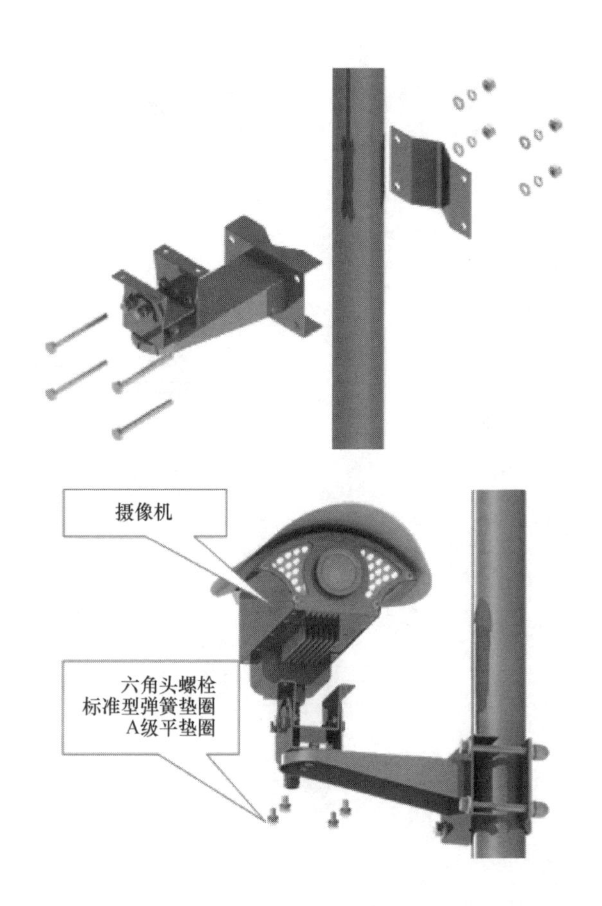

工艺说明：

（1）将支架按图示安装到立柱上。

（2）将摄像机按图示装到支架上。

（3）最后完成接线，接线完成之后接线端子必须与摄像机固定（用螺丝刀将端子两端螺丝与摄像机固定）。

031104　立柱式摄像机安装

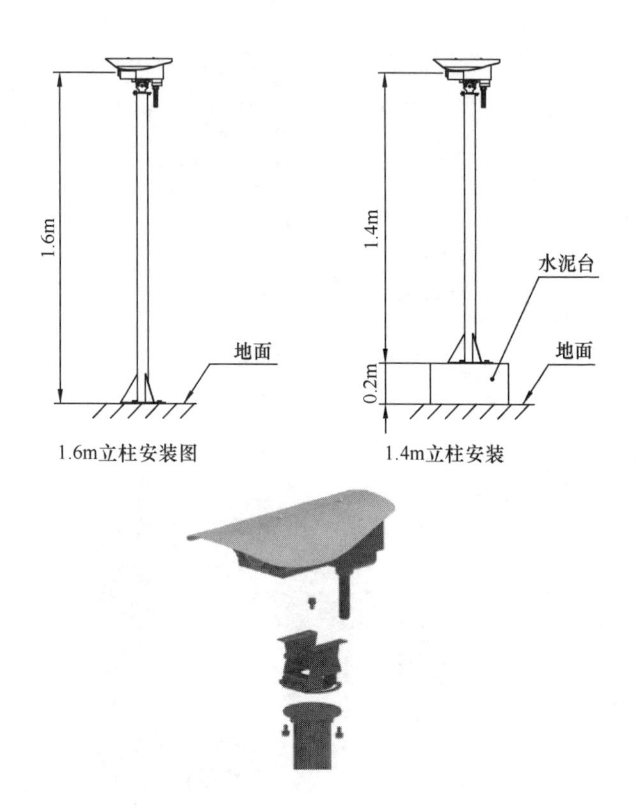

工艺说明：

（1）按照图示安装立柱。

（2）按照图示将摄像机安装到立柱上。

（3）最后完成接线，接线完成之后接线端子必须与摄像机固定（用螺丝刀将端子两端螺丝与摄像机固定）。

031105　矩形地感线圈埋地安装

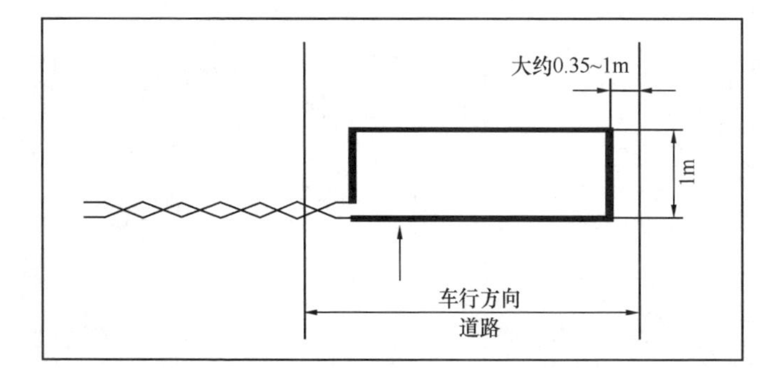

工艺说明：

矩形安装：通常探测线圈常用的是长方形。两条长边与金属物运动方向垂直，线圈宽度推荐为1m以上。长边的长度取决于道路的宽度，通常两端比道路间距窄0.3～1m。

031106　倾斜 45°地感线圈埋地安装

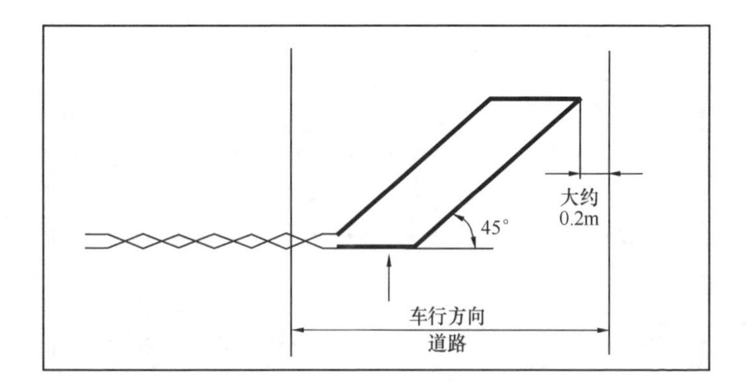

工艺说明：

倾斜 45°安装：在某些情况下需要检测自行车或摩托车时，可以考虑线圈与行车方向倾斜 45°安装。倾斜边长要根据实际工程来订长短。最少要保证 1m 以上。建议最好采用所有线圈形状都做成倾斜 45°。

031107　8字形地感线圈埋地安装

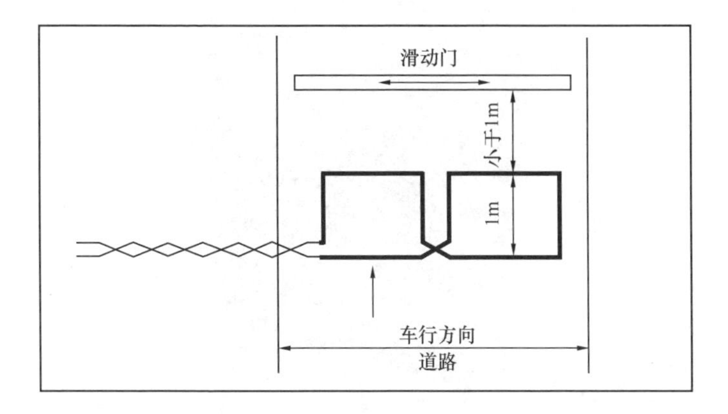

工艺说明：

8字形安装：在某些情况下，路面较宽（超过6m）而车辆的底盘又太高时，可以采用此种安装形式以分散检测点，提高灵敏度。

线圈槽切割好，并及时埋设线圈，防止杂物掉入槽内；在清洁的线圈及引线槽底部铺一层0.5cm厚的细沙；在线圈槽中按顺时针方向放入4～6匝（圈）电线，线圈面积越大匝（圈）数越少；放入槽中的电线应松弛，不能有应力，而且要一匝一匝地压紧至槽底；线圈的引出线按顺时针方向双绞放入引线槽中，在安全岛端出线时留1.5m长的线头；线圈及引线在槽中压实后，最好上铺一层0.5cm厚的细沙，可防止线圈外皮被高温熔化；用熔化的硬质沥青或环氧树脂浇注已放入电线的线圈及引线槽；冷却凝固后槽中的浇注面会下陷，继续浇注，这样反复几次，直至冷却凝固后槽的浇注表面与路面平齐；测试线圈的导通电阻及绝缘电阻，验证线圈是否可用。

031108　地磁检测器安装

工艺说明：

在地面上打洞或者开槽。

需等孔槽内干燥后把探测器安装并固定好；安装位置可以参照以下四种方式：①停车场纵向车位，前放有遮挡，将传感器装在后侧，车辆后轮轴线以外。接收器也在后侧尽量空旷的位置；②停车场纵向车位，前方空旷，将传感器装在前侧，车辆前轮轴线以外。接收器也在前侧尽量空旷的位置；③道路横向车位，靠路边一侧空旷，将传感器装在同侧前后轮中间，接收器在同侧人行道旁，尽量空旷；④道路横向车位，路对面一侧空旷，将传感器装在靠路中间一侧前后轮中间，接收器在路对面人行道旁，尽量空旷。

磁检测器在安装好后，默认的磁场状态是有车，需要重新初始化背景磁场。具体方法是发送强迫复位指令；然后等待5min；在此期间检测器不能移动，或者受到磁场干扰。

031109 远距离读卡器安装

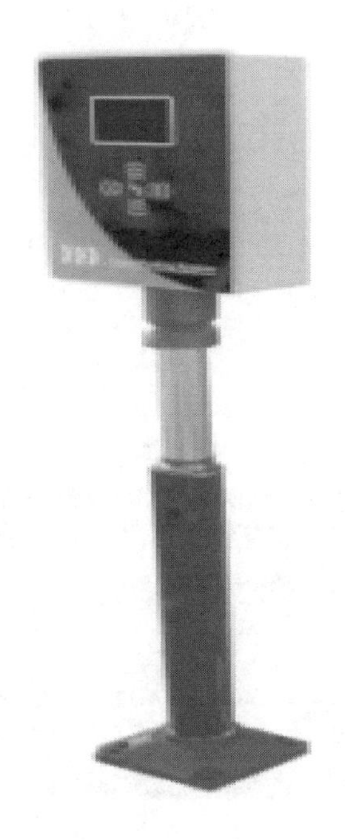

工艺说明：

远距离读卡器的安装主要在于确定读卡器的位置，以下为确认方法：(1) 确保车道的宽度，以便车辆出入顺畅，车道宽度一般不小于3m，4.5m左右为最佳；(2) 读卡设备距道闸一般为3.5m，最近不小于2.5m，主要是防止读卡时车头可能触到栏杆；(3) 对于地下停车场，读卡设备应尽量摆放在比较水平的地面；(4) 对于地下停车场，道闸上方若有阻挡物则需选用折杆式道闸，阻挡物高度－1.2m即为折杆点位置。

先确认读卡设备安装到位，最后再敷设管线。

第四章　机 房 工 程

第一节　机 房 装 饰

1. 地面工程

040101　防尘漆的使用

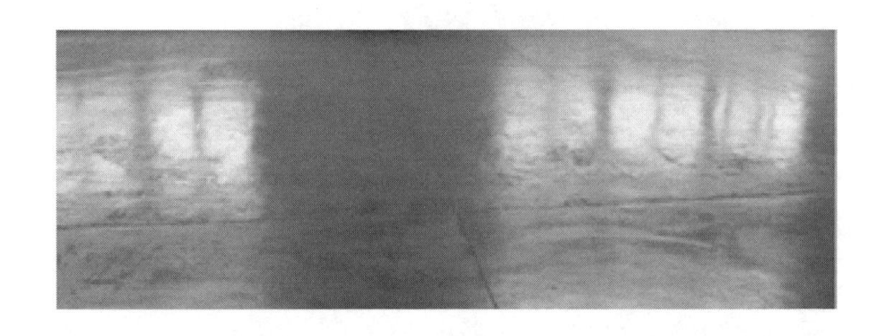

工艺说明：

基层处理：要求原地面水泥沙浆抹平，并除去表面浮土和灰核，地面干燥。

滚第一遍漆：地面处理完成后，在地板漆中加入稀料调匀后即可依次滚刷在地面上。

刷第二遍漆：操作要求同第一遍，待第一遍漆干燥后，即可刷第二到漆，要求覆盖第一遍。

所有区域完成后，检查一遍，即可进行下道工序。等活动地板铺完后，对局部污染处进行修复补刷。

040102　橡塑保温棉安装

工艺说明：

地面水泥沙浆找平→放线定位→地面干燥后→刷地板漆→铺厚橡塑板（保温厚度依照施工图纸）→质量检查。

040103　防水乳胶漆的使用

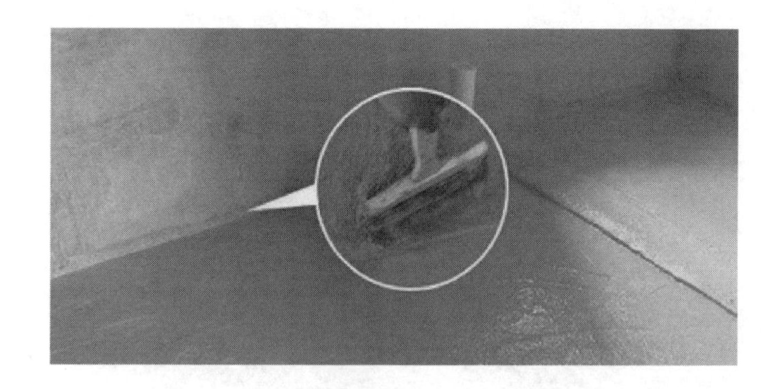

工艺说明：

基层处理：

首选检查原墙的平整度、垂直度，保证基层平整干净。隔断石膏板基层部分要进行嵌缝处理。对于泛碱、析盐的基层应先用3%的草酸溶液清洗，然后用清水冲刷干净或在基层上满刷一遍耐碱底漆。

清扫：

清扫飞溅乳胶，清除施工准备时预先覆盖在踢脚板、水、暖、电、卫设备及门窗等部位的遮挡物。

040104 防静电地板安装

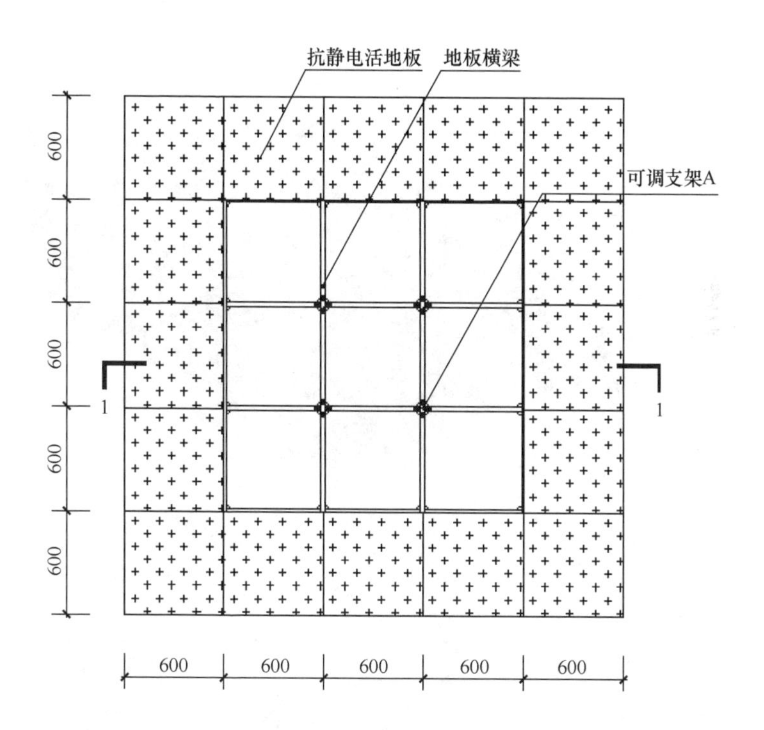

工艺说明：

清洁地面→画网格线→放置支架→调准水平→横梁连接→安装地板→封边→清洁地板表面。

安装支柱架：

将底座摆平在支座点上，核对中心线后，安装钢支柱，按支柱顶面标高，拉纵横水平通线调整支柱活动杆顶面标高并固定。再次用水平仪逐点抄平，水平尺校准支柱托板。

040105 抗静电 PVC 地板胶敷设

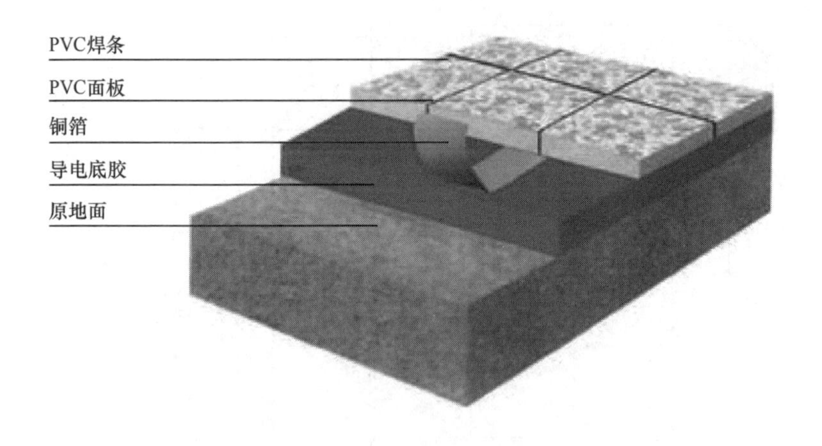

工艺说明：

（1）划定基准线。

（2）应按地网布置图铺设导线铜箔网格。铜箔的纵横交叉点，应处于贴面板的中心位置。

（3）配置导电胶：将炭黑和胶水应按 1∶100 重量比配置，并搅拌均匀。

（4）刷胶：应分别在地面、已铺贴的导电铜箔上面、贴面板的反面同时涂一层导电胶。

（5）铺贴贴面板：待涂有导电胶的贴面板晾干至不沾手时，应立即开始铺贴。铺贴时应将贴面板的两直角边对准基准线，铺贴应迅速快捷。板与板之间应留有 1～2mm 缝隙，缝隙宽度应保持一致。

040106　铝及铝合金风口、散流器安装

工艺说明：

清洁地面→画网格线→放置支架→调准水平→横梁连接→安装风口地板→封边→清洁地板表面。

040107 地板墙面角钢支架安装

工艺说明：

地板墙角固定角钢承托抗静电地板，角钢与地板间加5mm厚橡胶垫。

040108 防火玻璃安装

工艺说明：

(1) 弹定位线

根据施工图，在室内先弹楼地面定位线，在弹结构墙面（或柱）上的位置线，及顶部吊顶标高。

(2) 安装框架

按位置中线钻孔，埋入膨胀螺栓。然后将型钢按已弹好的位置放好，检查水平度、垂直度合格后，随即将框格的连接件与金属膨胀螺栓焊牢。

(3) 安装玻璃

将玻璃竖着插入上框槽口内，然后轻轻垂直落下，放入下框槽口内，并推移到边槽内，然后安装中间部位的玻璃。

(4) 嵌封打胶

玻璃板全部就位后，校正平整度、垂直度，同时在槽两侧嵌橡胶压条，从两边挤紧玻璃，然后打硅酮结构胶，注胶应均匀注入缝隙中，并用塑料刮刀在玻璃的两面刮平玻璃胶，随即清洁玻璃表面的胶迹。

040109　墙、柱面轻钢龙骨基层安装

工艺说明：

（1）放线：设计施工图所示尺寸为中心线尺寸，由此中心线确定墙体各部分位置。

（2）天轨、地轨、墙轨的安装，重要的是直线度、垂直度及水平度的调整。

（3）龙骨立柱的安装：根据组合墙体表面板模数位置进行调整、固定。

（4）门立柱安装：测定门立柱的必要长度，切去多余部分，以调整门尺寸。

（5）表面板及压条安装：根据施工图安装表面板及压条。

040110 不锈钢踢脚线安装

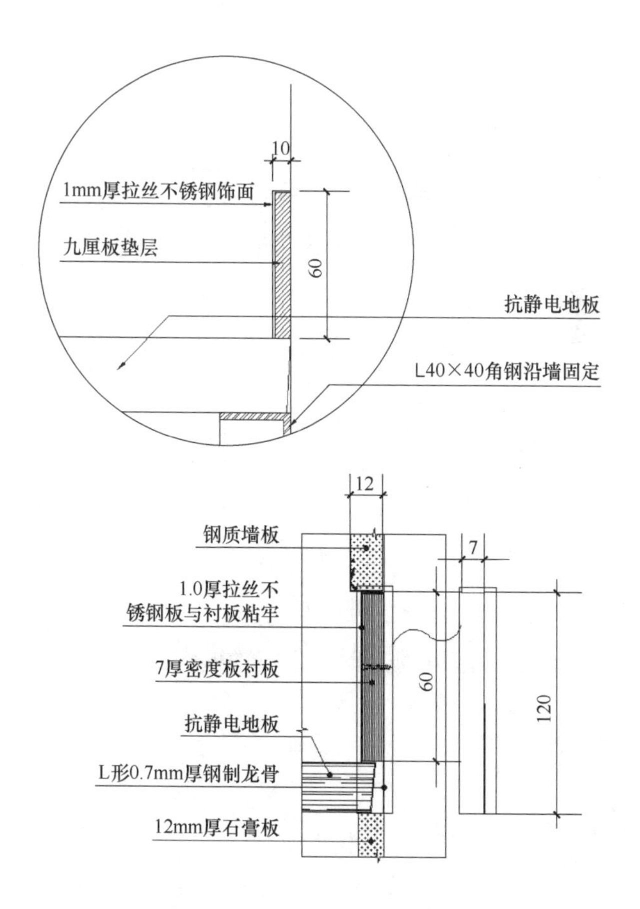

工艺说明：

(1) 安装位置准确放线。

(2) 墙面安装7厚密度板衬板。

(3) 1.0厚不锈钢板与衬板粘牢。

040111　钢制防火门安装

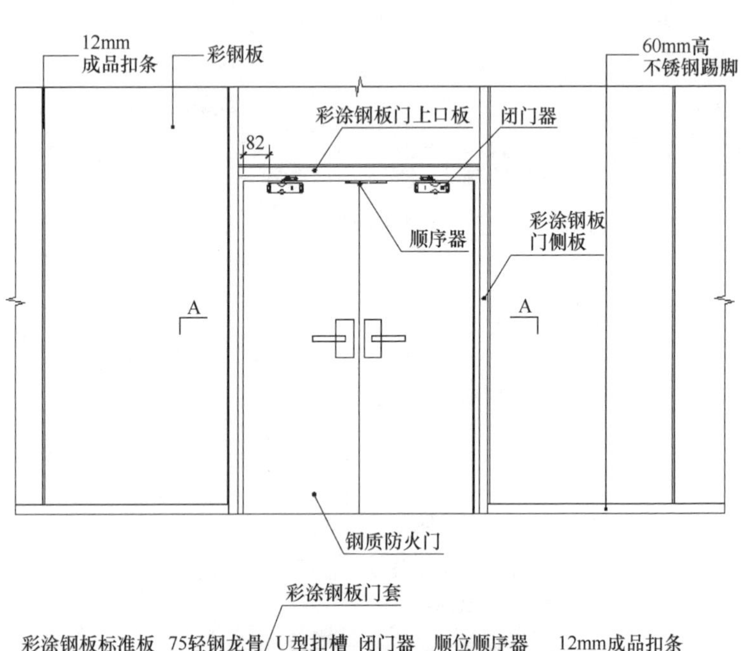

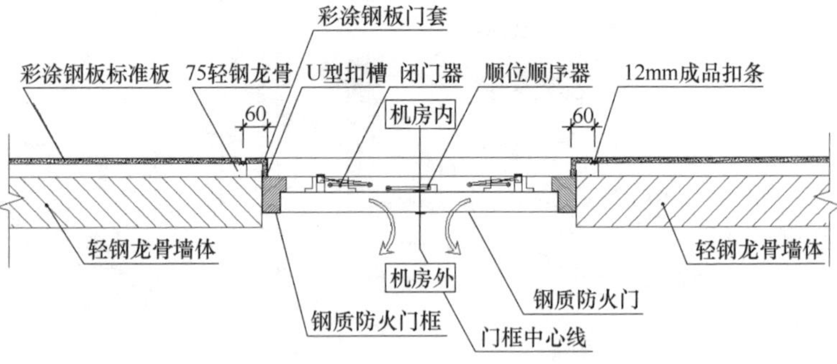

工艺说明：

划线定位→门框就位→检查调整→固定门框→塞缝→安装门扇→安装五金件→清理。

2. 顶面工程

040112 吊杆安装

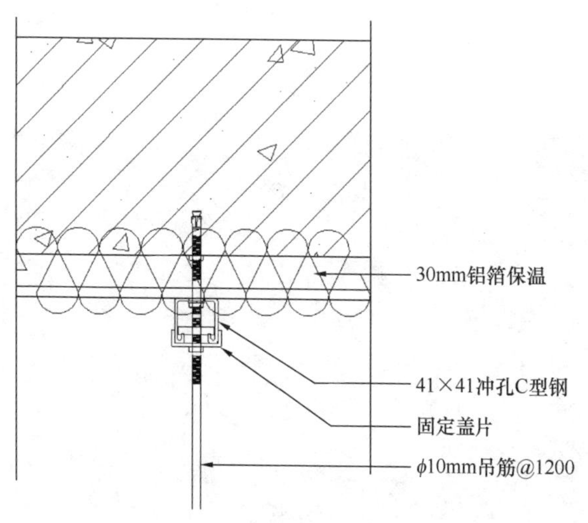

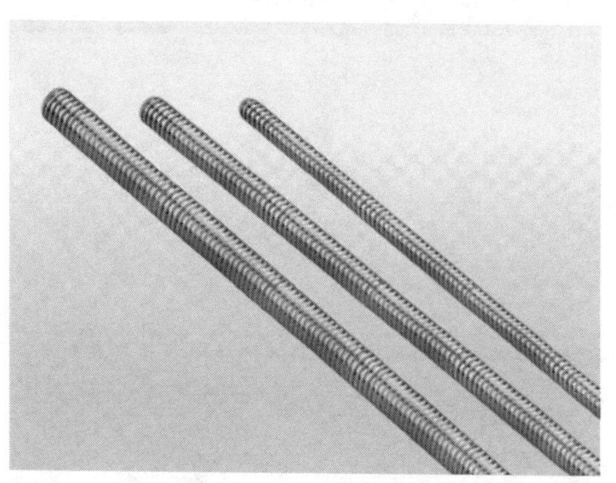

工艺说明：
定位放线→ 打孔 → 钻孔防水处理 →安装吊杆。

040113 轻钢龙骨安装

工艺说明：

（1）弹标高水平线；

（2）固定吊挂杆件；

（3）安装边龙骨；

（4）安装主龙骨；

（5）安装次龙骨；

（6）全面校正龙骨骨架。

040114　铝合金天花安装

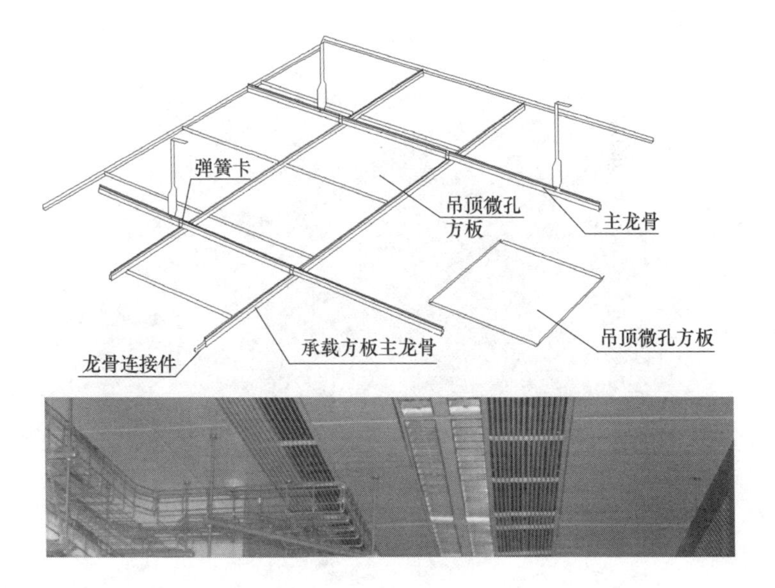

工艺说明：

弹线找平→安装吊杆→安装边龙骨→安装主龙骨→安装次龙骨及横撑龙骨→安装饰面板。

3. 机房墙面

040115 刮腻子

工艺说明：

用橡胶刮板横向满刮，一刮板接着一刮板，接头处不得留槎，每刮一刮板最后收头时，要收的干净利落。待满刮腻子干燥后，用砂纸将墙面上的腻子残渣、斑迹等打磨平整、磨光，然后将墙面清扫干净。

040116　涂乳胶漆

工艺说明：

先将墙面仔细清扫干净，用布将墙面粉尘擦净。施涂每面墙的顺序宜按先左后右、先上后下、先难后易、先边后面的顺序进行，不得乱涂以防漏涂或涂刷过厚，操作时用力要均匀，保证不漏刷。第一遍涂料涂刷后将局部不平整处打磨，然后涂刷第二遍、第三遍涂料，由于乳胶漆膜干燥较快，应连续迅速操作，涂刷时从左端开始，逐渐涂刷向另一端，一定要注意上下顺刷相互衔接，避免出现接槎明显而再另行处理。

040117 轻钢龙骨安装

工艺说明：

(1) 放线；

(2) 安装门框；

(3) 打地枕带；

(4) 安装天、地龙骨；

(5) 竖龙骨分档；

(6) 安装竖龙骨；

(7) 安装横向卡挡龙骨。

040118 保温隔音材料安装

工艺说明：

(1) 墙体龙骨搭设完毕。

(2) 如为轻钢龙骨隔断墙，则先完成一面隔断面板的安装。

(3) 填充隔声材料：矿棉板、玻璃棉等按设计要求选用并保证厚度。

040119 彩钢板安装

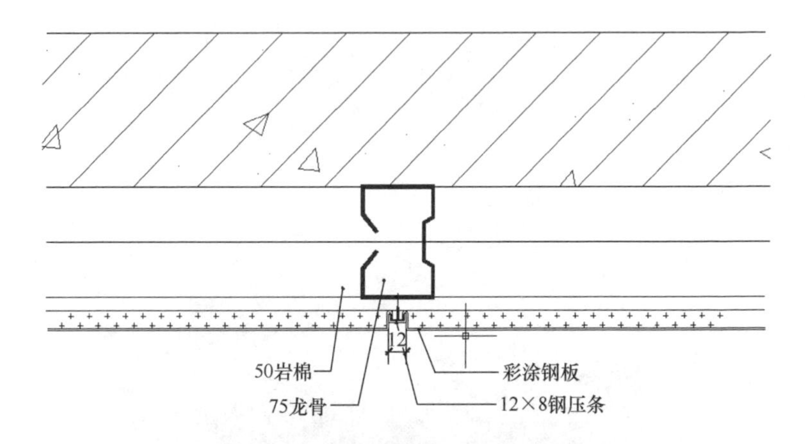

工艺说明：

(1) 放线；

(2) 天轨、地轨、墙轨的安装；

(3) 龙骨立柱的安装；

(4) 门立柱安装；

(5) 表面板及压条安装。

4. 机房隔断

040120 无框玻璃隔断墙安装

工艺说明：

(1) 弹定位线；

(2) 安装框架；

(3) 安装玻璃；

(4) 嵌封打胶；

(5) 边框装饰；

(6) 清洁玻璃。

040121 金属包框玻璃隔断墙安装

工艺说明：

(1) 弹定位线

根据施工图，在室内先弹楼地面定位线，在弹结构墙面（或柱）上的位置线，及顶部吊顶标高。落地无竖框玻璃隔墙还应留出楼面的饰面层的厚度。

(2) 安装框架

按位置中线钻孔，埋入膨胀螺栓。然后将型钢按已弹好的位置放好，检查水平度、垂直度合格后，随即将框格的连接件与金属膨胀螺栓焊牢。

(3) 安装玻璃

应按设计大样图施工，将玻璃按隔墙框架的水平尺寸和垂直高度，进行分块排布。

(4) 嵌封打胶

玻璃板全部就位后，校正平整度，垂直度，同时在槽两侧嵌橡胶压条，从两边挤紧玻璃，然后打硅酮结构胶。

第二节　机房环境监控系统

1. 供配电监控部分

040201　电量检测仪安装

工艺说明：

(1) 严格安装产品说明接线图接线，进出线不可反接。

(2) 防止中性线开路。

(3) 降低接地电阻、防止PE保护线带电。

(4) 完成安装。

040202　隔离高压输入模块安装

工艺说明：

(1) 安装在变送器箱里的导轨条上，排列紧密且顺序一致。

(2) 建议从左到右的排列顺序依次为：三相交流电压(a、b、c)、三相交流电流、频率、功率因素、直流电压、直流电流、油机启动电池电压。

(3) 变送器卡在变送器箱中的导轨条上，变送器箱用四颗自攻螺丝固定在墙上。固定牢靠，不能直接用手扳动。

(4) 尽量避免将设备安装在石膏板和沙土墙上，实在不可避免时，可以采用加长固定螺钉和加装木楔、木板等方式固定，绝对不允许设备固定不牢的情况发生。

2. 烟雾报警监控

040203 烟雾传感器安装

工艺说明：

（1）依照安装支架的孔在顶棚上或墙上画两个孔位。

（2）按两个孔位钻两个孔。在两个孔中塞入两颗塑料腰钉，然后将安装支架的背面紧贴墙面。

（3）塞入并紧固安装螺钉直至安装支架牢固为止。

（4）把电池塞入本机背面的隔间内。

第三节　UPS配电系统

1. 配电箱/柜设备

040301　换向开关安装

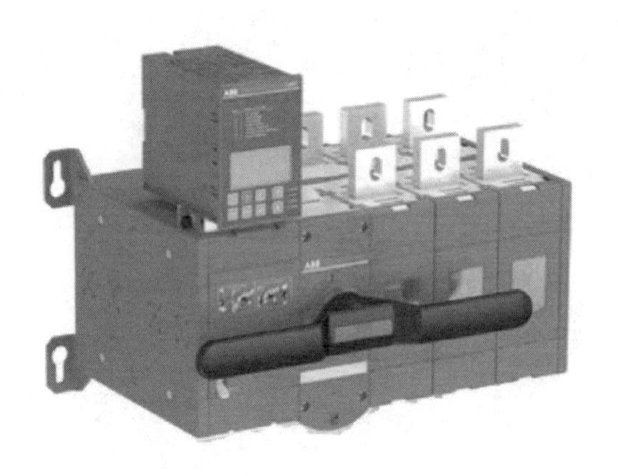

工艺说明：

(1) 按照开关安装尺寸进行打孔安装，安装螺丝应紧固，不得有松动。

(2) 开关安装固定后根据电流，配置开关进出线母排连接到水平母线上，母排连接应紧固，接触良好。

(3) 注意常用电源与备用电源的牙序对应。

(4) 控制器的接线严格按说明书接线图进行。

040302　电能表安装

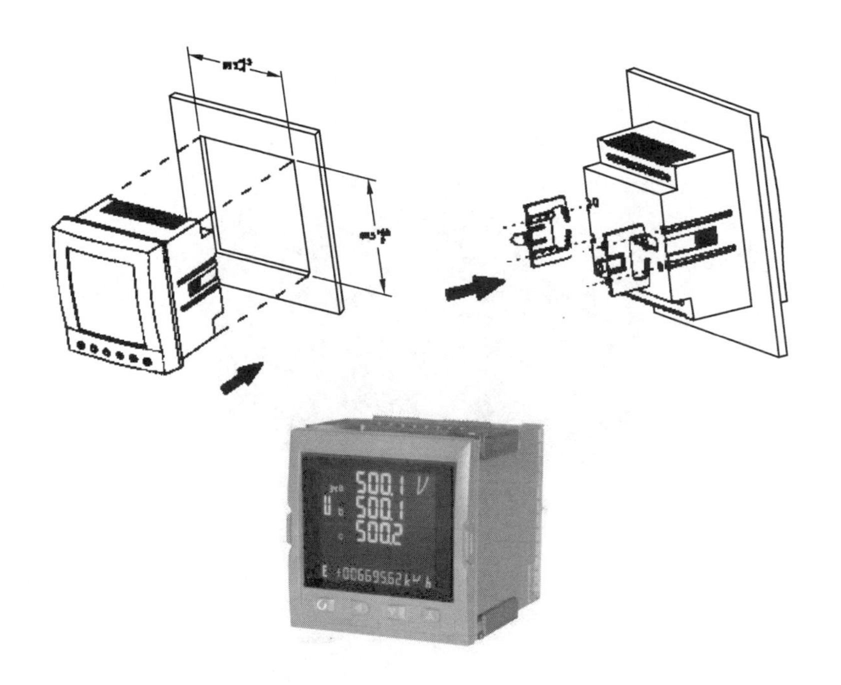

工艺说明：

(1) 电能表一般依靠 2 个固定滑块固定。

(2) 安装电能表时，按产品说明书接线图接线。

(3) 按图施工、接线正确。

(4) 电气连接可靠、接触良好。

040303 隔离开关安装

工艺说明：

(1) 外观检查，确认规格型号准确，绝缘体无裂纹、破损及变形，分、合操作灵活可靠，接触面无氧化膜。

(2) 安装时注意相间距离，低压不小于0.2m，短路时刀片对接地部分的距离，低压不小于0.05m。

(3) 安装完毕后进行外观检查和拉合实验，测量绝缘电阻。

(4) 测量瓷件绝缘电阻。

040304 PE 线端子安装

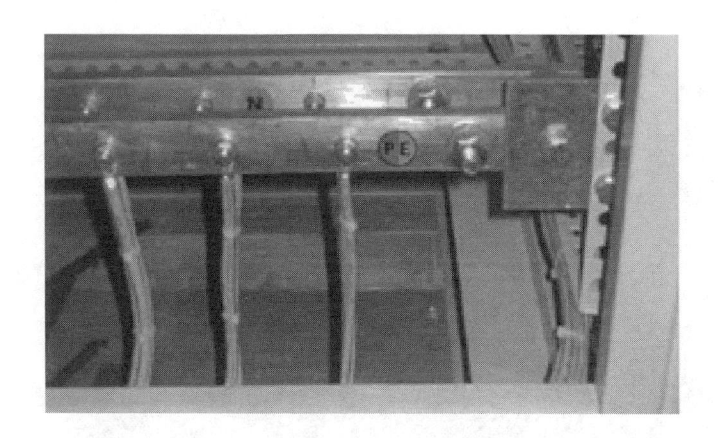

工艺说明：

(1) 配电箱、柜内的 N 线、PE 线必须设汇流排，汇流排的大小必须符合有关规范要求，导线不得盘成弹簧状。

(2) 配电箱、柜内的 PE 线不得串接，与活动部件连接的 PE 线必须采用铜质涮锡软编织线穿透明塑料管，同一接地端子最多只能压一根 PE 线，PE 线截面应符合施工规范要求。

(3) 导线穿过铁制安装孔、面板时要加装橡皮或塑料护套。

040305　N线端子安装

工艺说明：

（1）配电箱、柜内的N线、PE线必须设汇流排，导线不得盘成弹簧状。

（2）配电箱、柜内的配线须按图纸相序分色，N线采用淡蓝色。

（3）导线穿过铁制安装孔、面板时要加装橡皮或塑料护套。

040306　配电箱壁装

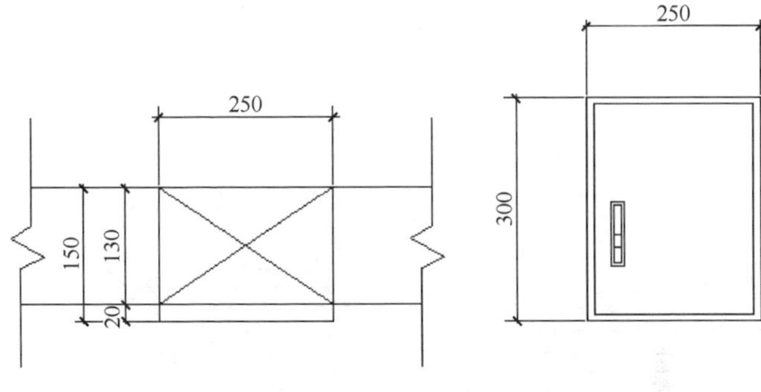

配电箱凹入墙体平面图（示意）　　配电箱正立面图（示意）

工艺说明：

(1) 配电箱安装时，其底口距地一般为 1.5m；明装时底口距地 1.2m。

(2) 在混凝土墙或砖墙上固定明装配电箱时，采用暗配管及暗分线盒和明配管两种方式，同时将 PE 保护地线压在明显的地方，并将箱调整平直后进行固定。

(3) 根据预留孔洞尺寸先将箱体找好标高及水平尺寸，并将箱体固定即可。

040307 基础型钢安装

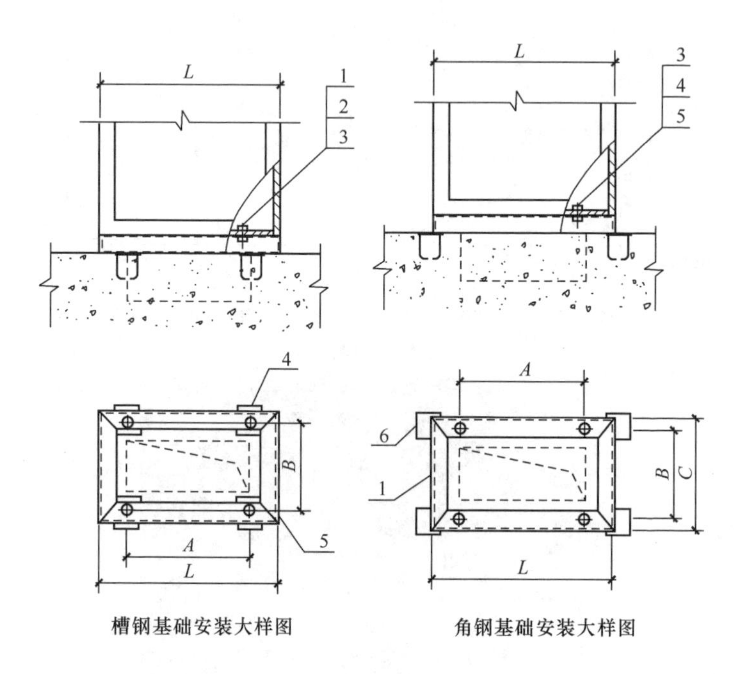

工艺说明：

（1）按照箱的外形尺寸进行弹线定位。

（2）按图纸要求预制加工基础型钢架，并做好防腐处理。

（3）安装结束后，应用螺栓将柜体与基础型钢进行紧固。

（4）每台配电柜单独与基础型钢连接，可采用铜线将柜内PE排与接地螺栓可靠联结，并必须加弹簧垫圈进行防松处理。每扇柜门应分别用铜编织线与PE排可靠联结。

040308 配电柜稳装

工艺说明：

(1) 根据图纸及现场条件确定配电柜的就位次序，按照先内后外，先靠墙后入口的原则进行。

(2) 先找正一排两端的配电柜，再从柜下至柜上 2/3 高处的位置拉一条水平线，逐台进行调整。调整找正时，可以采用 0.5mm 钢垫片找平，每处垫片最多不应超过三片。

(3) 在调整过程中，垂直度、水平度、柜间缝隙等安装允许偏差应符合规定。不允许强行靠拢，以免配电柜产生安装应力。

(4) 配电柜调整结束后，用螺栓对柜体进行固定。

2. 线缆

040309　电源电缆布线

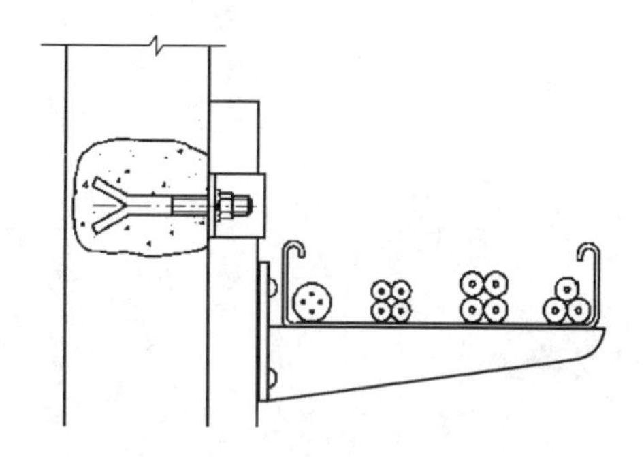

工艺说明：

(1) 敷设电缆线应检查电缆是否有机械损伤。

(2) 敷设的电缆全部路径应满足所使用的电缆允许弯曲半径要求。

(3) 电缆沿桥架中敷设，要求电缆平直，无交错。

(4) 敷设的路径尽量避开和减少穿越热力管道和上下水管道、煤气管道、通信电缆等。

(5) 敷设电缆和计算电缆长度时，均应留有一定的裕量。

040310 控制电缆布线

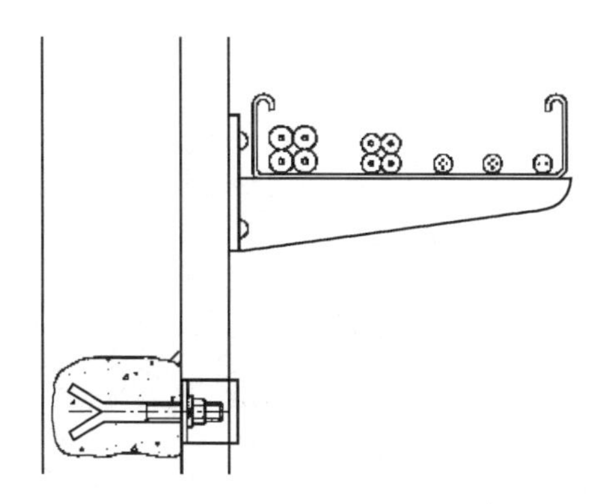

工艺说明：

（1）敷设电缆线应检查电缆是否有机械损伤。

（2）电缆沿桥架中敷设，要求电缆平直，无交错。

（3）敷设的电缆全部路径应满足所使用的电缆允许弯曲半径要求。

（4）敷设电缆和计算电缆长度时，均应留有一定的裕量。

（5）电缆在支架上敷设时，控制电缆在电力电缆下方，单独设置支架。

040311 并柜电缆布线

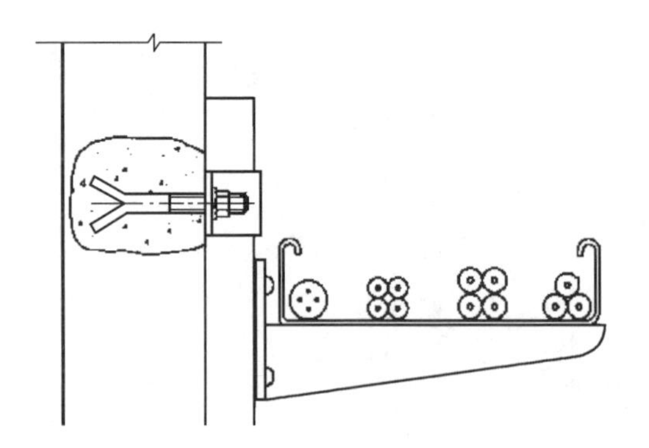

工艺说明：

并柜电缆一般指的是变压器与低压柜之间的连接电缆。

（1）通过室内电缆沟或沿电力桥架将电缆敷设连接。

（2）变压器与低压柜是在不同的地点，一个室外一个室内，在室外的电缆通过电缆桥架或通廊敷设，或者直接埋地敷设，进入到室内以后可以通过电缆沟敷设。

3. UPS 主机

040312 塔式主机安装

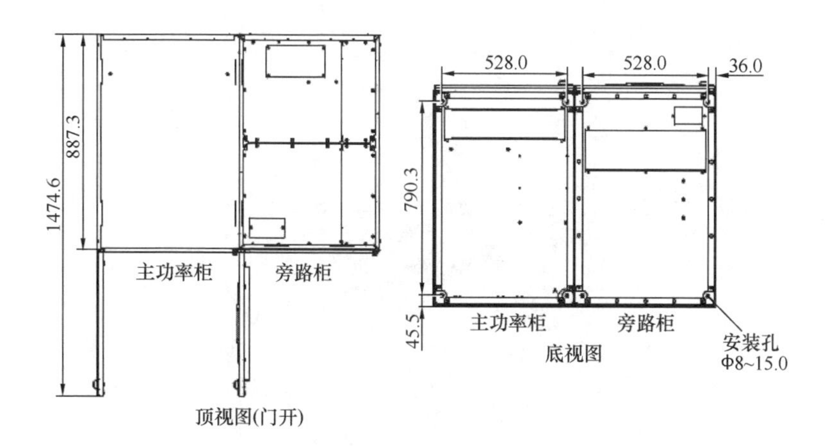

工艺说明：

设备安装：按图纸布置将 UPS 放于基础型钢上，并找设备立面和侧面的垂直度，找正时采用 0.5mm 铁片进行调整，每处垫片不能超过 3 片，然后按设备安装固定螺栓尺寸在基础型钢上用手电钻钻孔。

UPS 就位、找平、找正后，柜体与基础型钢固定，柜体与柜体、柜体与侧挡板均用镀锌机螺丝连接。

UPS 设备接地：UPS 设备单独与接地干线连接。设备从下部的基础型钢侧面上焊上 M10 螺栓，用 $6mm^2$ 铜线与柜上的接地端子连接牢固。

040313 机架式主机安装

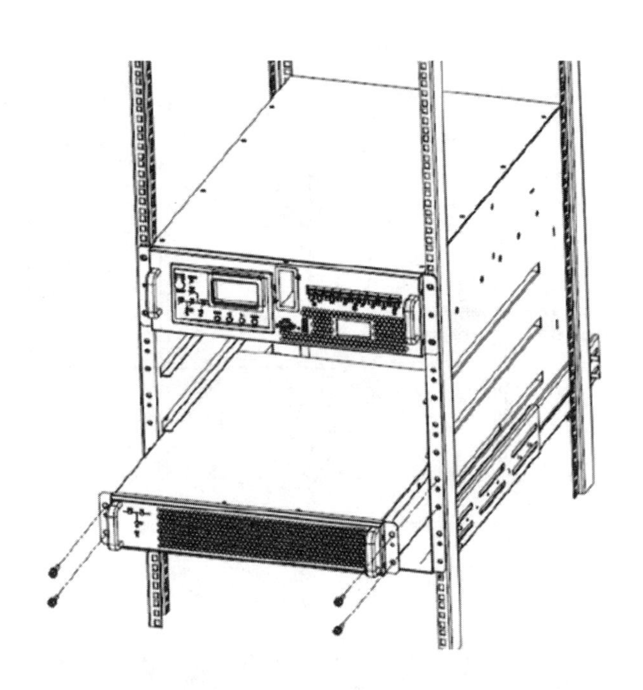

工艺说明：

（1）机架中需安装定制导轨。

（2）因主机很重，应将机架放置于牢固可靠并足以支撑其种类的位置，且通风要良好，保证散热及维护空间。

（3）安装主机前要拆掉电池模块，安装到位后再重新安装电池模块，此操作需要两个人操作。

4. 电池

040314 阀控式铅蓄电池安装

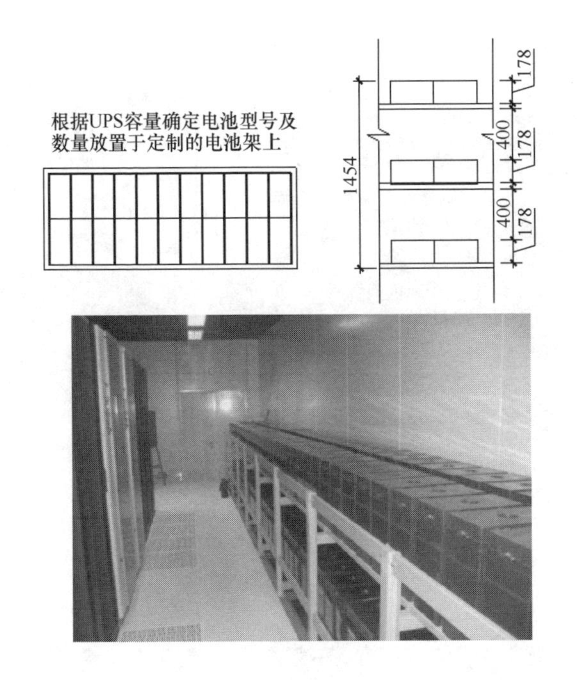

工艺说明：

(1) 电池安装是从底层开始，并逐层往上进行，以防重心过高。将电池安放好，避免受振动或冲击。

(2) 使用多组蓄电池时，要先串联，再并联。测量电池组总电压无误后，方可加载上电。一定要根据电池和UPS上的标志将电池的正负端子和UPS的正负极电池端子分别连接好。

040315 一般蓄电池安装

工艺说明：

(1) 电池检查

蓄电池外壳应无裂纹、损伤、漏液等现象。极性正确，壳内部件齐全无损伤；有气孔塞通气性能良好。连接条、螺栓及螺母应齐全，无锈蚀。带电解液的蓄电池，其液面高度应在两液面线之间；防漏栓塞应无松动、脱落。

(2) 电池安装

蓄电池安装应按设计图纸及有关技术文件进行施工。蓄电池安装应平稳、间距均匀；同一排列的蓄电池应高度一致，排列整齐。温度计、液面线应放在易于检查一侧。

5. 电池柜

040316 电池柜安装

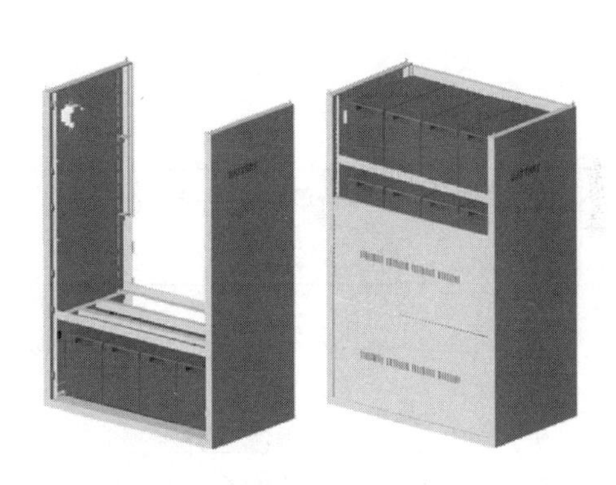

工艺说明：

(1) 将电池柜的底板平放在规划好的位置，要求摆放位置的地面平整。用紧固螺母将电池柜的前、后板锁紧在底板上。

(2) 将电池放在电池柜的底板上，进行接线，锁紧电池极柱上的接线。盖上第二层隔板。

(3) 按上述相同方法依次安装好第二层、第三层、第四层的电池，根据电池柜具体型号的接线图继续安装电池和接线。

(4) 盖上顶盖，用配套的螺钉将顶盖和前后板固定锁紧，电池柜即安装完成。

第四节　机房防雷接地系统

1. 机房防雷接地

040401　接地端子排安装

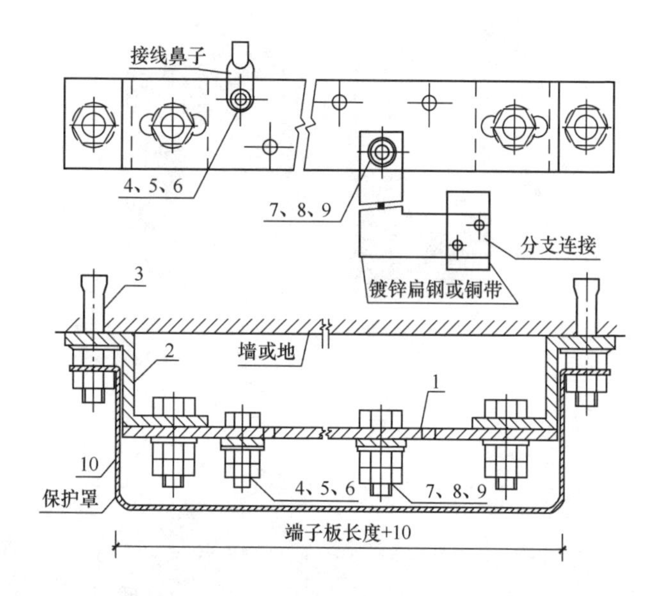

工艺说明：

(1) 接地端子排采用铜排，根据等电位连接线的出线数决定端子排的长度。

(2) 端子排一般为墙上明装。

(3) 端子排接地干线与就近的大楼预留接地点通过扁钢连接。

040402 等电位棒安装

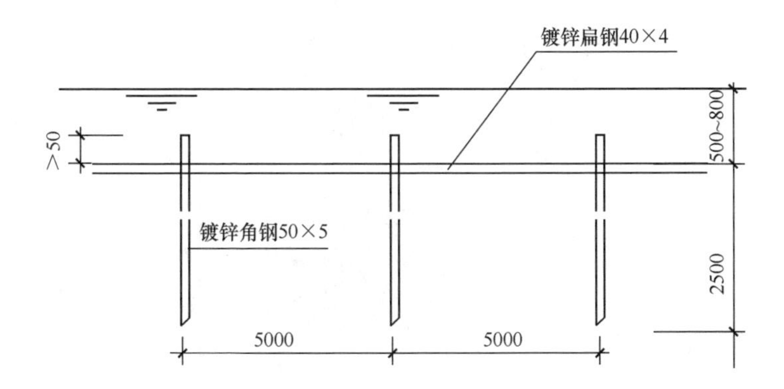

工艺说明：

首先检查安装的位置的土建和施工条件。

在开挖好的沟内按照设计要求将每个接地极插入土壤中，接地极的间距为五米，顶部距地面为0.5m。

接地装置埋在土壤中的部分，其连接宜采用放热焊接；当采用通常的焊接方法时，应在焊接处做防腐处理。

若采用水平接地极其埋深不宜小于1m。

施工完毕将土壤回填并且平整压实。

040403 防雷接地连接线连接

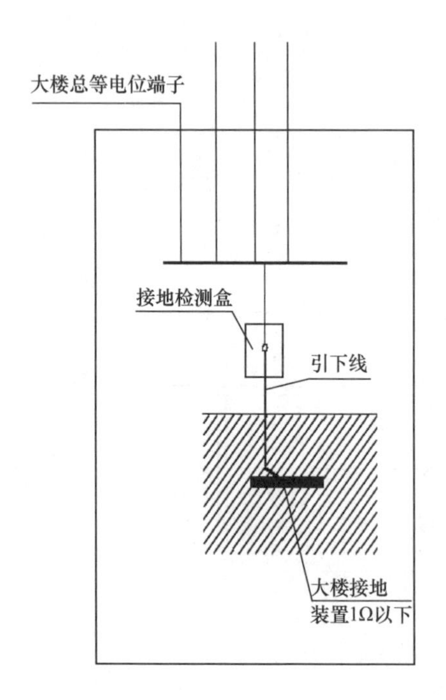

工艺说明：

专设引下线应沿建筑物外墙外表面明敷，并应经最短路径接地；建筑外观要求较高时可暗敷，但其圆钢直径不应小于10mm，扁钢截面不应小于80mm^2。

建筑物的钢梁、钢柱、消防梯等金属构件，以及幕墙的金属立柱宜作为引下线，但其各部件之间均应连成电气贯通。

在易受机械损伤之处，地面上1.7m至地面下0.3m的一段接地线，应采用暗敷或采用镀锌角钢、改性塑料管或橡胶管等加以保护。

2. 机房安全保护地

040404　安全保护地连接线连接

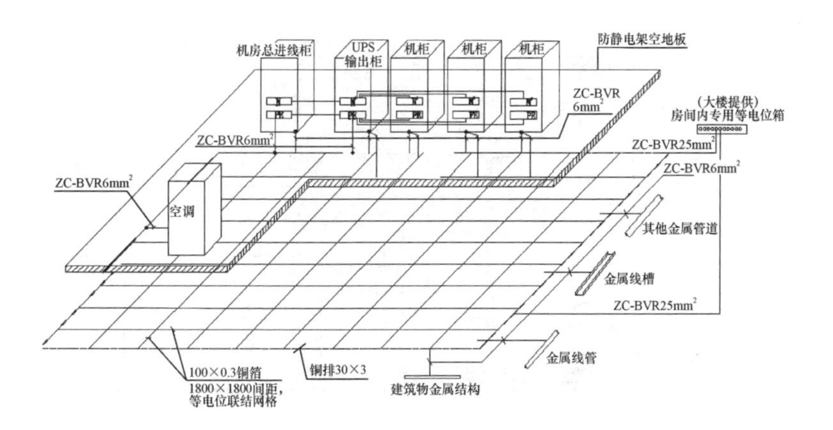

工艺说明：

机房内所有外漏可导电部分均要做等电位连接，连接线采用 6mm² 的铜线与机房内等电位网格连接。

线槽、机柜外壳、设备外壳通过 6mm² 的铜线连接到等电位网格，在采用铜线连接的过程注意不同材料的接触面处理。

3. 机房交流工作地

040405 中性线连接

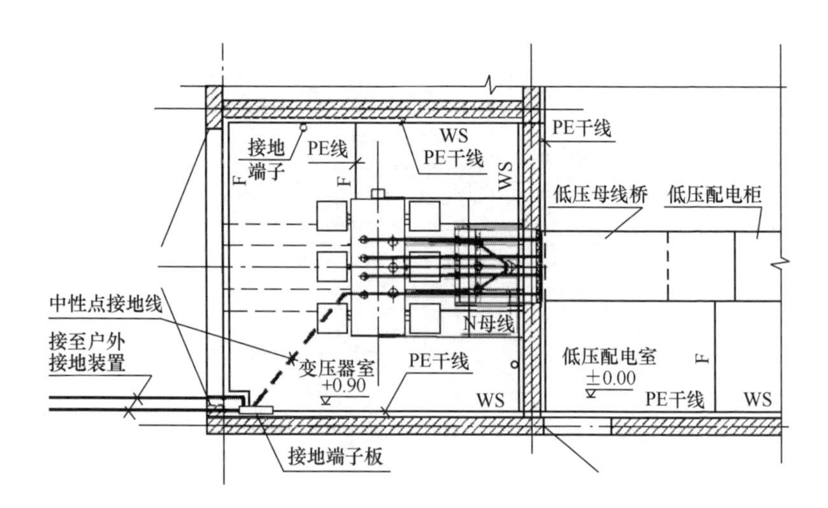

工艺说明：

（1）变压器中性点的接地线截面按变压器容量确定，中性线和保护线分开，中性接地线采用电缆穿保护管敷设至变压器室接地端子板。

（2）变压器接地端子板引至户外接地装置的接地线采用2根裸导体。

040406 接地母排安装

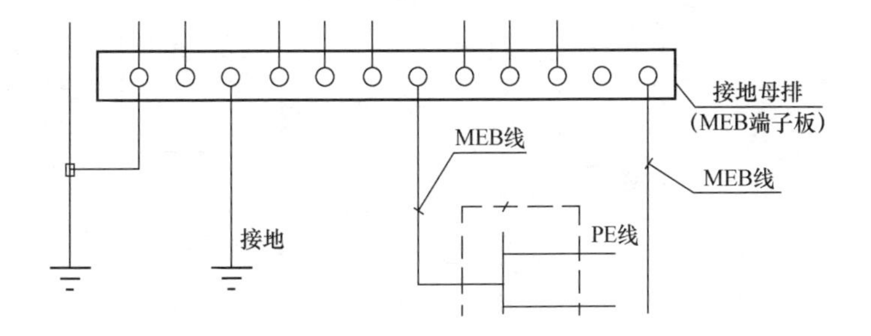

工艺说明：

(1) 接地母排宜设置在电源进线或进线配电盘处，加防护罩或装在端子箱内。

(2) 如建筑物金属体自然接地体的接地电阻值满足接地要求，接地母排与自然接地体应直接连通。

4. 机房等电位接地

040407 等电位均压带安装

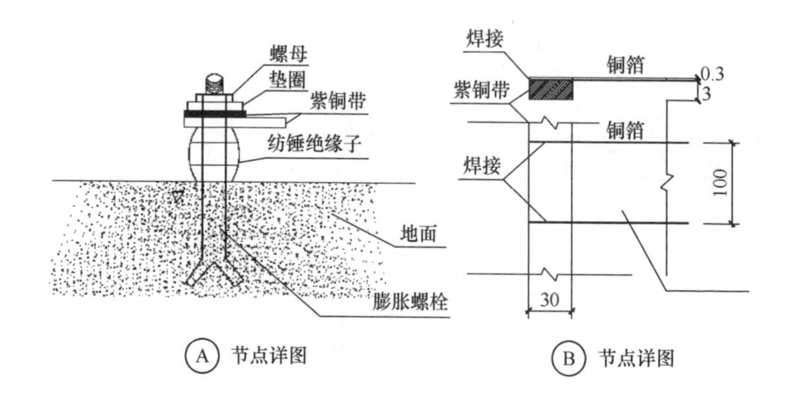

Ⓐ 节点详图　　Ⓑ 节点详图

工艺说明：

按照施工图纸的设计安装要求确定好紫铜排的固定位置。在确定好的固定位置安装固定用的膨胀螺栓。铜排规格一般选用 40×3 紫铜排。

将紫铜排按照图纸的敷设要求进行敷设，在固定位置进行打孔。膨胀螺栓与铜排的接触面要做好不同材质的过度处理，然后在按照固定的要求进行紧固处理。

铜排中间的网格尺寸按设计图纸确定，采用 25mm^2 的铜编织带。

040408 等电位接地连接线连接

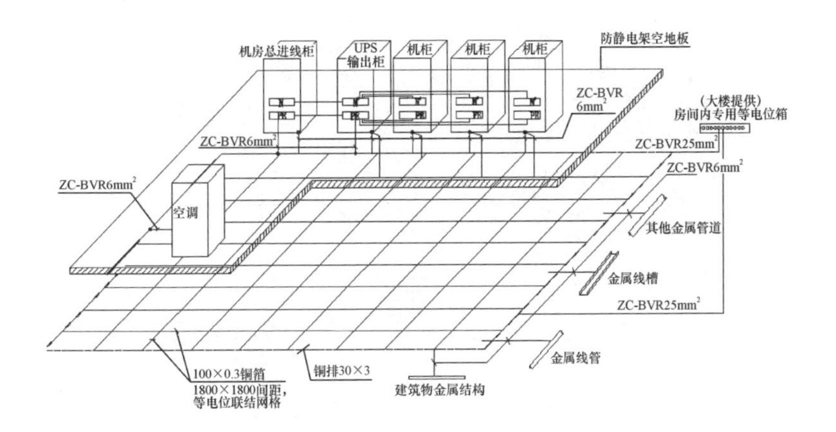

工艺说明：

(1) 机房内所有外漏可导电部分均要做等电位连接，连接线采用 6mm² 的铜线与机房内等电位网格连接。

(2) 线槽、机柜外壳、设备外壳通过 6mm² 的铜线连接到等电位网格，在采用铜线连接的过程注意不同材料的接触面处理。

5. 机房屏蔽接地

040409 环形均压带安装

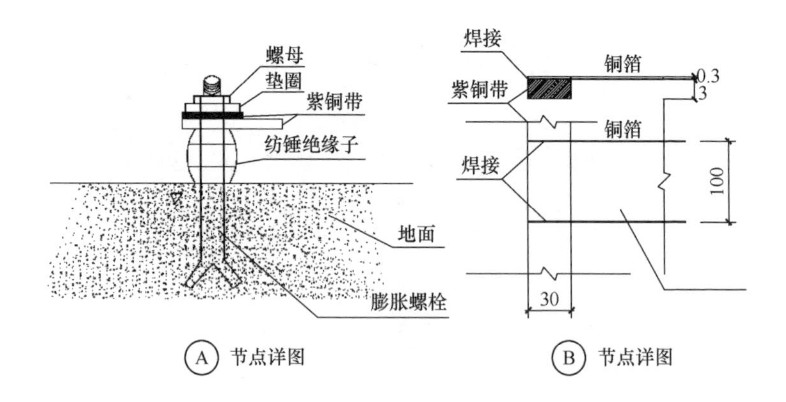

工艺说明：

按照施工图纸的设计安装要求确定好紫铜排的固定位置。在确定好的固定位置安装固定用的膨胀螺栓。铜排规格一般选用 40×3 紫铜排。

将紫铜排按照图纸的敷设要求进行敷设，在固定位置进行打孔。膨胀螺栓与铜排的接触面要做好不同材质的过度处理，然后在按照固定的要求进行紧固处理。

铜排中间的网格尺寸按设计图纸确定，采用 25mm^2 的铜编织带，也可以使用 50mm×5mm 铜箔。

040410 屏蔽接地连接线连接

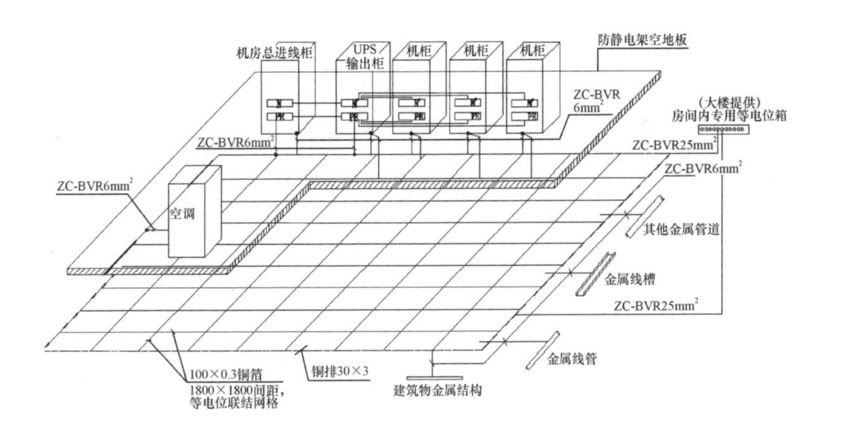

工艺说明：

(1) 机房内所有外漏可导电部分均要做等电位连接，连接线采用 6mm² 的屏蔽铜线与机房内等电位网格连接。

(2) 线槽、机柜外壳、设备外壳通过 6mm² 的屏蔽铜线连接到等电位网格，在采用铜线连接的过程注意不同材料的接触面处理。

(3) 总结地干线采用屏蔽电缆经滤波装置接至大楼接地网。

6. 机房防静电接地

040411 防静电连接线连接

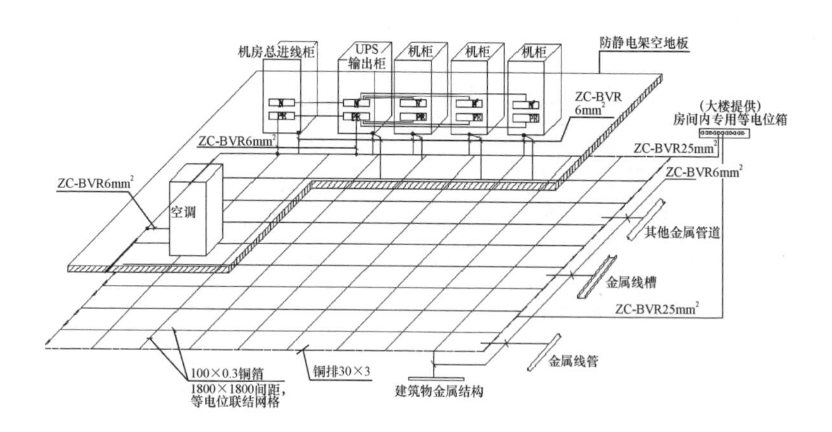

工艺说明：

（1）机房内所有外漏可导电部分均要做等电位连接，连接线采用 6mm² 的铜线与机房内等电位网格连接。

（2）线槽、机柜外壳、设备外壳通过 6mm² 的铜线连接到等电位网格，在采用铜线连接的过程注意不同材料的接触面处理。

（3）机房抗静电地板支架采用 6mm² 的铜线连接到等电位网格。

7. 机房电源防雷接地

040412　电源线浪涌保护器安装

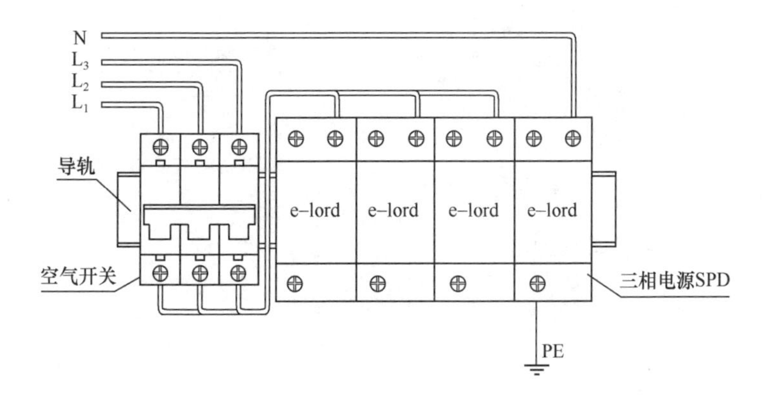

工艺说明：

电源连接导线用不小于 16mm² 多股铜线，接地线不小于 25mm² 的多股铜线。连接线应尽量的短、直、粗、接地电阻不大于 4Ω。

模块结构防雷器前端应串联熔断器或断路器。

安装完毕必须断开电源，严禁带电操作，连接导线必须符合要求。

安装完毕后将模块插入到位，检查工作是否正常。

040413 通信线浪涌保护器安装

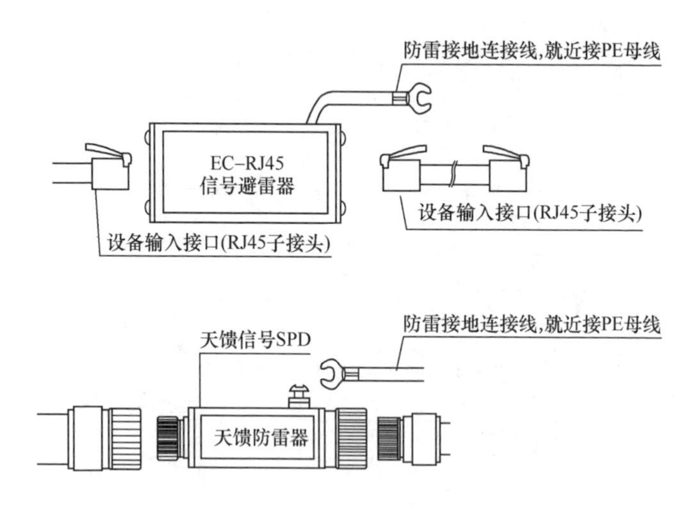

工艺说明：

（1）设备通信线的外屏蔽层应在馈线顶端靠近天线处以及接入设备的前端接地，接地线应就近连接。采用线径不小于 $6mm^2$ 的铜芯导线。

（2）当天馈线全部采用软跳线且总长度小于等于 5m 时，同轴软跳线的外屏蔽层可以只在接入设备的前端就近一点接地。